U0174574

创新

A STEP TOWARDS SOCIETY 5.0

Research, Innovations
and Developments
in Cloud-Based Computing Technologies

动

下一代卓越计算下的数字化社会

[巴林] 沙纳瓦兹·汗（Shahnawaz Khan）/ [印] 蒂鲁纳卡拉苏·K.（Thirunavukkarasu K.）
[巴林] 艾曼·奥尔德穆尔（Ayman AlDmour）/ [美] 萨拉姆·萨拉梅·什里姆（Salam Salameh Shreem）编
樊秀梅 / 傅博 译

中国原子能出版社　中国科学技术出版社
·北　京·

图书在版编目（CIP）数据

创新永动：下一代卓越计算下的数字化社会 /（巴林）沙纳瓦兹·汗（Shahnawaz Khan）等编；樊秀梅，傅博译．—北京：中国原子能出版社：中国科学技术出版社，2024.1

书名原文：A Step Towards Society 5.0：Research, Innovations, and Developments in Cloud-Based Computing Technologies

ISBN 978-7-5221-3071-2

Ⅰ．①创… Ⅱ．①沙… ②樊… ③傅… Ⅲ．①云计算 Ⅳ．① TP393.027

中国国家版本馆 CIP 数据核字（2023）第 207141 号

策划编辑	杜凡如　于楚辰	**责任编辑**	张　磊
特约编辑	杜凡如	**版式设计**	蚂蚁设计
封面设计	奇文云海·设计顾问	**责任印制**	赵　明　李晓霖
责任校对	冯莲凤　邓雪梅		

出　　版	中国原子能出版社　中国科学技术出版社
发　　行	中国原子能出版社　中国科学技术出版社有限公司发行部
地　　址	北京市海淀区中关村南大街 16 号
邮　　编	100081
发行电话	010–62173865
传　　真	010–62173081
网　　址	http://www.cspbooks.com.cn

开　　本	710mm × 1000mm　1/16
字　　数	220 千字
印　　张	18
版　　次	2024 年 1 月第 1 版
印　　次	2024 年 1 月第 1 次印刷
印　　刷	北京盛通印刷股份有限公司
书　　号	ISBN 978-7-5221-3071-2
定　　价	79.00 元

（凡购买本社图书，如有缺页、倒页、脱页者，本社发行部负责调换）

前　言

云技术已经普及，并引起了全球技术社区的兴趣。对于商业组织来说，有时很难满足客户的需求并跟上技术的步伐。因此，有几个互补和融合的因素正在推动云技术的兴起。近 20 年来，亚马逊（Amazon）、谷歌（Google）和微软（Microsoft）等技术巨头一直在创新和开发云技术及其应用。然而，它主要在过去 5 年中得到了认可。云技术和云服务的成熟度与日俱增。同样，人们对云技术的优点和局限性的认识也支持个人或企业采用云技术和向云技术迁移。它可以帮助企业在很短的时间内扩大和缩小规模。考虑可扩展性而不考虑太多信息技术需求对企业是有益的。云技术还通过消除部署新应用程序的不可行性，弥合了无法拥有信息技术基础设施的小组织与大企业之间的差距（数字鸿沟）。

本书的目的是提供关于云技术创新前沿的深刻信息。它包含了丰富的信息，用于开发各种应用领域的云技术知识。本书着重于理解云技术的当下和未来创新，并探索其应用和开拓性创新。它将帮助研究人员和学者与从事云技术工作的同业者进行深入而有意义的对话。本书还将通过案例研究和示例来支持对前沿创新、范式和安全性的理解。

本书不仅涵盖了理论方法、算法，还包含了一系列步骤，用于分析数据、过程、报告和优化技术的问题。本书由基于云技术和机器学习新兴趋势的各种现实应用程序的相关内容组成。本书还从研究、科学和商业角度探讨了云技术的某些方面，以在各个领域实现安全和可扩展的应用，如社会 5.0、下一代卓越计算等。

目　录

第1章　数字化社会 5.0 新范式

密码算法与协议

第3章 如何增强安卓系统上的数据隐私

第4章 物联网和云计算中的机器学习和深度学习技术

机器学习和深度学习对于物联网和大数据至关重要

基于人工智能的预测心脏病的高效混合分类模型

第8章 使用混合长短期记忆和二进制粒子群优化的云计算入侵检测系统

第9章 采用云端技术的新型直播平台

第10章 农业 5.0 在印度的机遇与挑战

第1章 数字化社会5.0新范式

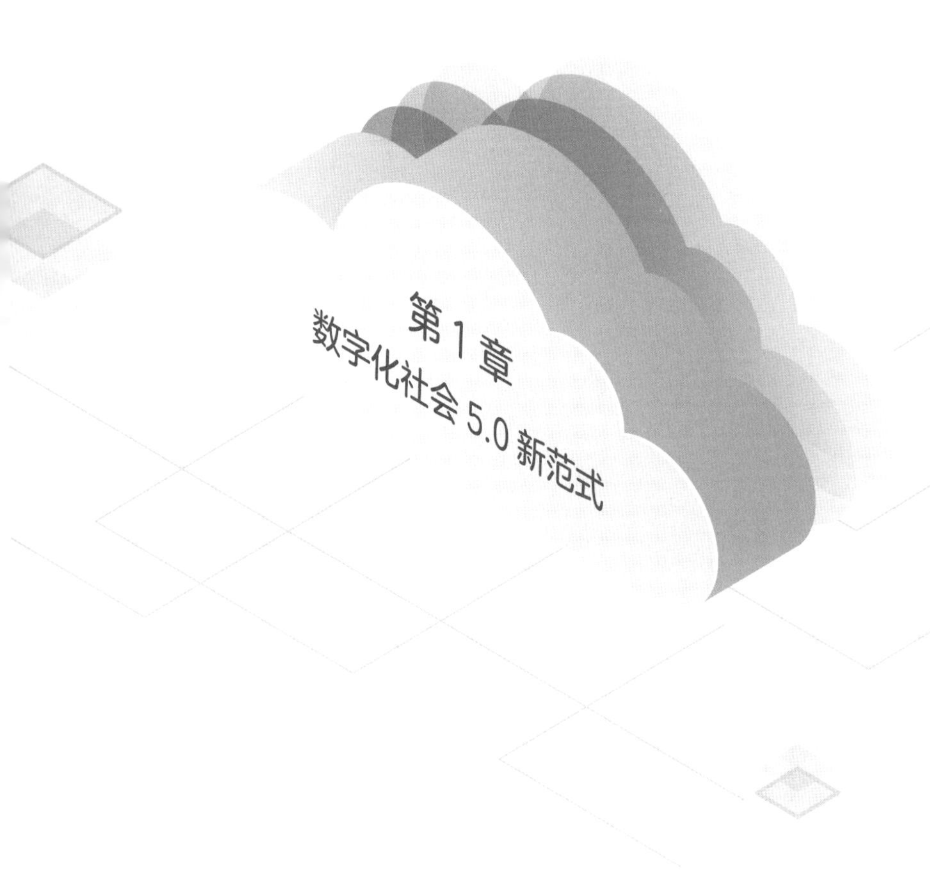

穆罕默德·海德尔·赛义德（Mohammad Haider Syed）

1.1 引言

人类的进化及其需求迫使人类创造出新的想法和人工产物。随着文字的发展，人们开始在石头上记录他们的文字与数据。这些信息对于理解人类的进化具有巨大的价值。对生活必需品的需求迫使人们开始自动化生产。自动化过程也会产生一系列数据。这些生成的数据被收集、存储和处理，用于再提取有用信息。

技术进步导致数据生成速度极快，这些生成的数据需要收集和存储。数据不仅需要存储，而且还需要处理以从中提取有用的信息。处理如此大量的数据还需要高水平的计算能力。因此，为了拥有高水平的计算能力，必须在人力和财力方面花费巨大的资源。通常，无论是个人还是机构都没有足够的资金来获取用于存储数据和处理数据的具有计算能力的资源。因此，在 20 世纪 60 年代末，互联网的前身阿帕网（ARPANET）出现了，并为共享计算资源打开了大门。20 世纪 70 年代和 80 年代计算机虚拟化思想萌芽。这意味着在一台机器上可同时运行多个操作系统。

这项技术的发展引入了主从式架构的概念，客户可以访问服务器上可用的数据和应用程序。1995 年年初，“云”的概念开始出现在网络研究界。随之而来的是虚拟专用网（VPN）的概念。这一概念的意思是在相同的基础设施上提供相同质量的服务。Salesforce 是第一个通过名为 Salesforce.

com 的网站利用互联网共享资源的公司。

服务提供商显著提高了互联网带宽，推动了互联网的资源共享。这催生了许多科技公司，如谷歌、奈飞（Netflix）、脸书（Facebook）等。2006年，亚马逊推出了第一个基于网络的服务，名为 Amazon Web Services（简称 AWS），它通过云向小型企业组织提供存储和计算能力。这引发了行业巨头之间利用云计算这项新技术的竞争（Marston et al，2011；Voss，2010；Wang et al，2010）。

随着各组织对存储和处理数据需求的增加，它们对先进技术的需求也增加了数倍（Khan et al，2021）。由于这些先进技术和基础设施涉及额外费用，这自然会形成开发专门的信息技术基础设施的设计，以满足中小型企业的需求。

这种通过服务器在互联网上交付各种计算资源的方式，如网络存储、处理能力等，称为云计算（Hayes，2008）。依据美国国家标准与技术研究所（NIST）的标准说法：云计算是一种模型，可以方便地按需访问网络上共享的可配置计算资源池（例如网络、服务器、存储、应用程序和服务），这些资源可以通过最小的管理工作或服务提供商交互进行快速调配和发布（Geelan，2009）。

随着对计算资源需求的增加，按需服务的理念应运而生，从而使该组织有效地去软件化。格罗斯曼讨论了不同类型的云：按需提供计算设施的云和提供计算能力的云（Grossman，2009）。前者提供额外的计算设施，后者提供可扩展的计算能力。可扩展计算能力的一个例子是谷歌的 MapReduce，而 AWS 是可扩展计算能力的另一个例子。

云计算更像是分布式计算，它有助于在多台相互连接的计算机上同时运行一个程序（Alam, Pandey & Rautaray，2015）。因此，人们可以共享资源，以实现一致性和规模经济效益。云是一种虚拟化、并行和分布式计算系统，根据服务提供商和消费者之间达成的服务水平协议（SLA）提供资源（Buyya, Ranjan & Calheiros, 2009; Khan et al，2020）。这项技术并不新鲜，但它是在从分布式到集群再到网格等过程中实现的。

本章的组织结构如下：第 1 节是引言，第 2 节讨论了云计算的体系结构，第 3 节解释了云计算的特点，第 4 节介绍了工业 4.0，第 5 节讨论了工业 4.0 的挑战，第 6 节讨论了社会 5.0，第 7 节回顾了社会 5.0 的风险与挑战，第 8 节反映了在所讨论方面的谷歌搜索趋势，第 9 节是总结。

1.2 云计算架构

抽象接口通过标准定义的协议访问的大型存储池和（或）计算资源称为云计算。云计算系统可以分为两个部分，分别称为前端和后端，如图 1.1 所示。

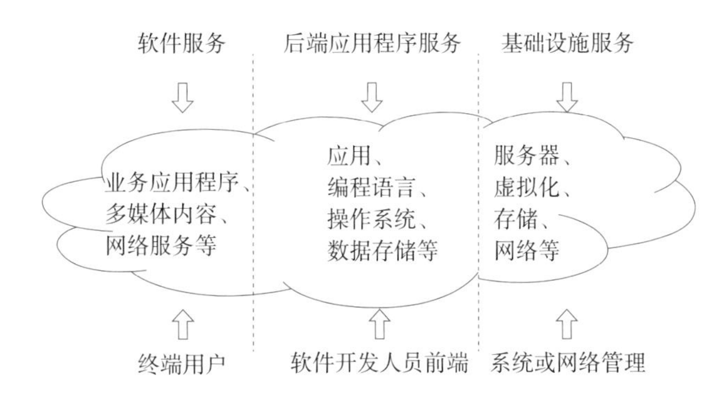

图 1.1 云计算的系统架构

前端和后端都通过互联网主干网相互通信。云的基础层包含原始硬件资源，其主要组成部分是计算资源、存储资源和网络资源。

如图 1.1 所示，资源被虚拟化，以将其作为集成资源呈现给上层和最终用户。这些资源将作为基础设施即服务（IaaS）提供给最终用户。在基础设施层之上，还有另一层，即平台层，它将提供云服务，也就是平台即服务（PaaS）。这一层添加了专用工具、中间件和服务（如操作系统及编程接口等）的集合。平台层之上的下一层是软件（应用）层，也被称为软件即服务（SaaS）。该层为最终用户提供各种业务应用程序，例如客户关系管理（CRM）、Web 服务。

1.3　云计算的特点

云计算的基础设施即服务、平台即服务和软件即服务具有显著特征。这些特征确立了其与传统计算的相似性和差异性。根据美国国家标准与技术研究所的说法，云计算有 5 个基本特征。第一个特征是按需自助服务。在这种情况下，用户可以控制服务是否继续。以这种方式提供的服务主要是邮件服务和 Web 服务（如 AWS、IBM、Salesforce 等）。第二个特征是广泛的网络访问。它通过正常机制提供对各种客户端（平板智能设备、手机、笔记本电脑等）的网络访问。第三个特征是资源共享。计算资源被集中起来为多个消费者服务。这些消费者可能使用不同种类的物理和虚拟资源来访问云。这些资源可以根据客户的要求动态分配。第四个特征是快速可伸缩性。这意味着可以自动请求和释放资源。这项特性适用于消费者。可供使用的资源是不被限制的，并且可以在任何时间以任何数量放大或缩小。测量服务是云计算的第五个特征。通过监视服务的各个方面（带宽、存储、活动用户等），可以动态控制和优化可用资源。信息技术的快速发展推动了移动信息的可用性。同时，它还面临着一系列问题和挑战，例如机密性、完整性和可用性。尽管存在这些挑战，但信息技术在社会中的渗透性很强，并已深刻变革了工业。

1.4 工业4.0

技术进步对人类工业革命有着巨大的影响，被称为工业4.0（Vogel-Heuser & Hess，2016）。这通常被称为人类历史上的第四次工业革命。这一说法指的是工业中自动化、扩展和数据交换的当前趋势。云计算、人工智能、物联网（IoT）和大数据是这场工业革命的组成部分（Prisecaru，2016）。信息通信技术是推动工业进入以下新模式的众多趋势之一，其意义在于：

- 创新和自动化缩短了产品上市周期
- 满足客户的定制化和个性化需求
- 灵活地按需生产成本效益高、数量少的世界级产品
- 决策过程中的去中心化
- 提高物理和经济周期的效率

因此，技术进步加强了机械化和自动化、小型化、数字化和网络化、分散化、开发和生产等（Lasi et al，2014；Nugent & Rhinard，2015；De España & SAU，2016）。工业4.0的基本概念是基于网络物理系统生

产、异构数据和知识整合的使用，侧重于数字化、自动化、优化、人机交互，自动数据交换和通信（Posada et al, 2015; Amit & Zott, 2012; Casadesus-Masanell & Zhu, 2013; Chesbrough, 2007, 2010; Bucherer & Uckelmann, 2011）。

图 1.2 显示了工业 4.0 体系及其主要组成。

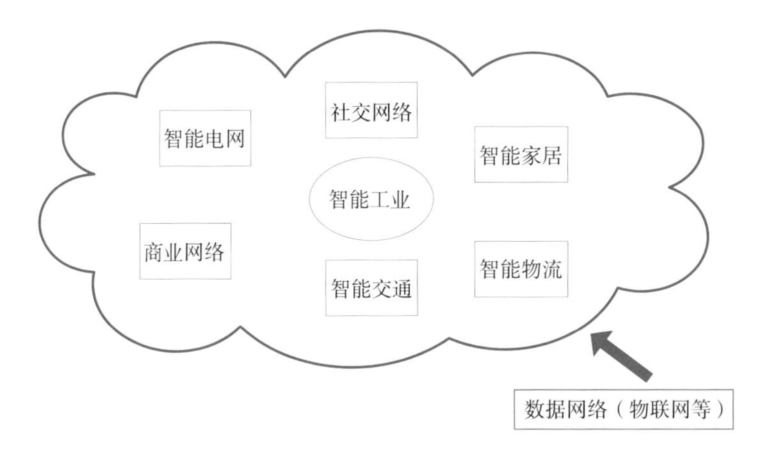

图 1.2 工业 4.0

工业 4.0 的进步之一是自动化和设备配置，以适应客户定制的制造过程。这样做的结果是工厂将只生产少量且独特的物品。这可能有助于产品快速成型和生产新产品，将生产效率提高数倍，并显著缩短产品上市周期（European Union Chamber of Commerce in China，2017）。将产品开发与数字化生产相结合还可以显著缩短设计、生产和交付周期。传感器数据降低了错误率，并严格监控生产的每个细节，提高了效率并解决了诸多问题。

技术发展的这些进步提供了大量分析工具，这些工具可以用来改善对设备维护、设备故障以及停机时间的预测。

1.5 工业4.0：挑战

工业4.0旨在成为经济和社会价值创造的主要来源，但同时也面临一些挑战。这些挑战主要是：自动化和信息通信技术的投资成本，与商业组织、服务提供商等的合作以及对数据机密性、完整性和可用性“三位一体”的保护。此外，它可能存在需要仔细解决的法律风险，例如员工监督、产品责任和知识产权。

其他一些挑战包括组织单位之间的协调、人力资源的协调、与第三方提供商合作时的网络安全问题、数据所有权问题、对内部活动的担忧或组织活动的外包问题。最具挑战性的任务之一是将来自不同体系结构的多源数据进行整合（Mckinsey and Company，2016; Khan & Kannapiran，2019）。技术进步改善了人类生活和整个社会。这被称为社会5.0。

1.6 社会5.0

数字化的到来创造了新的价值观，并不断成为行业及其政策的重要支柱。2016年，日本引入了社会5.0的概念，日本内阁在其《第五期科技创新基本计划》中采纳了这一概念。这一概念被确定为日本的主要增长战略之一。这种想法也被称为超级智能社会。这一进步的理念与现代性和社会理论有关（Mouzakitis，2017）。因此，在当前信息社会（即工业4.0）的基础上，人们引入了以人为中心的繁荣社会的新概念，即社会5.0。

社会5.0实现了虚拟空间和物理空间的高度融合。与工业4.0不同，社会 5.0 通过云访问数据。在社会 5.0 中，数据收集的主要来源是物理空间中的传感器。这使人、物和系统之间的差距最小化，因为它们都是相互关联的。数据结果是使用人工智能提取的，人工智能超越了人类的能力，在过去一直梦想的物理空间中运行。不同的国家会根据自己的情况从不同的角度看待这个概念。

除了应对各国面临的许多社会挑战，社会 5.0 还面临一些其他与之相关的挑战和问题。

1.7 社会 5.0：风险与挑战

除了创造大量机会，社会 5.0 还有一些问题需要解决。数字化增加了社会对控制和处理网络安全问题的关注度。这是一个严重的问题，随着互联网对人类生活的渗透，人类的隐私和安全可能受到损害的风险也在增加。保护网络世界的隐私是一项重大挑战（NISTEP，2019a, 2019b; Serpa et al，2020）。隐私问题可能会对人们的生活造成严重损害。个人数据泄露不仅令人担忧，还可能存在数据精英主义的风险。对于数据精英主义来说，由于数据是使用云计算存储和处理的，因此，权力可能会转移到控制大部分数据流和存储的数据精英手中，以及非民主选举的组织。

数字鸿沟可能是组织和政府面临的另一个问题。互联网进入偏远地区仍然是一个梦想。这不仅是数字基础设施问题，它的使用也将是一个重大挑战。何况，许多国家仍然缺乏数字基础设施，互联网依然是一个尚未实现的梦想。

从健康角度来看，这一概念可能会导致数字疲劳。除了数字疲劳，人类的情绪也可能受到负面影响，因为大多数交流可能是通过机器进行的（Shahnawaz & Mishra，2015; Khan et al，2018）。这反过来会影响人类的情绪和能力发挥（Kagermann & Nonaka，2019）。人类能力的下降很可能会导致动力下降，对人类产生长期的负面影响，这可能会导致人类无法应对意外事件。

这可能不仅会降低人类的能力，还可能会导致社会割裂。人类过着独立的生活，他们只知道自己需要知道的，而不会知道更多。人类的探索特性可能会随着时间的推移而降低。

1.8 谷歌搜索趋势

人们在互联网上大量搜索了数字转型、云计算、工业 4.0 和社会 5.0 等术语。基于这些全局搜索，我们提取了数据，并绘制了图表，如图 1.3 和图 1.4 所示。图 1.3 显示了谷歌关键词从 2020 年 3 月到 2021 年 2 月的搜索趋势：数字转型、云计算、工业 4.0 和社会 5.0。

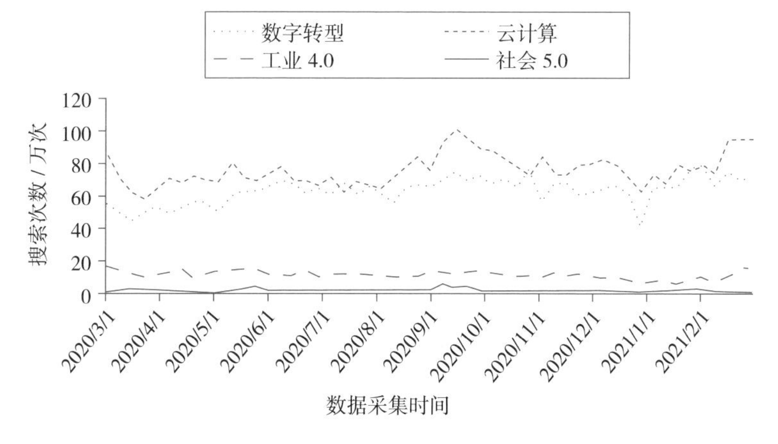

图 1.3　2020 年 3 月至 2021 年 2 月谷歌关键词搜索趋势

图 1.4 显示了 2016 年 3 月至 2020 年 3 月相同关键词的谷歌搜索趋势。

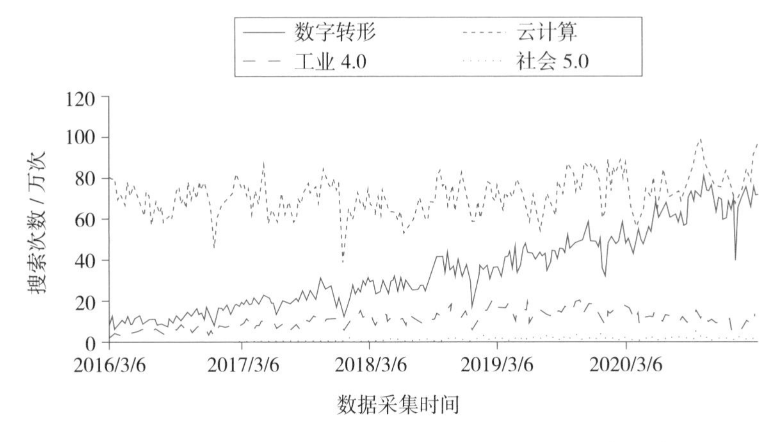

图 1.4　2016 年 3 月至 2020 年 3 月谷歌关键词搜索趋势

1.9　结论

本章旨在通过分析技术进步的不同阶段，展示从基本的独立计算机应用到复杂的云计算数字趋势的演变。通过这一数字化过程，我们可以看出工业是如何受到这些创新影响的，从而促进机械化、自动化、小型化、数字化、网络化和去中心化的开发和生产。此外，这场革命还存在协调、数据完整性等问题。数字化已经渗透到人类社会，使人类生活更加舒适，但也有一些问题和挑战需要解决。最后，图 1.3 和图 1.4 展示了这些术语：数字转型、云计算、工业 4.0 和社会 5.0 是如何在世界范围内被接受和使用的。

参考文献

Alam, Md Imran, Manjusha Pandey, and Siddharth S. Rautaray, 2015. A comprehensive survey on cloud computing [J]. International Journal of Information Technology and Computer Science, 2: 68–79.

Amit, Raphael, and Christoph Zott, 2012. Creating value through business model innovation [J]. In MITSloan Management Review, 53: 36–75.

Bucherer, Eva, and Dieter Uckelmann, 2011. Business models for the internet of things. In Uckelmann D., Harrison M., Michahelles F. (eds) Architecting the Internet of Things. Springer, Berlin, Heidelberg. https://doi.org/10.1007/978-3-642-19157-2_10.

Buyya, Rajkumar, Rajiv Ranjan, and Rodrigo N. Calheiros, 2009. "Modeling and simulation of scalable cloud computing environments and the CloudSim toolkit: Challenges and opportunities." In 2009 International Conference on High Performance Computing & Simulation, 1–11. IEEE.

Casadesus-Masanell, Ramon, and Feng Zhu, 2013. Business model innovation and competitive imitation: The case of sponsor-based business models [J]. Strategic Management Journal, 34: 464–82.

Chesbrough H, 2007. Business model innovation: it's not just about technology anymore [J]. Strategy & Leadership, 35, 6: 12–17.

Chesbrough H, 2010. Business model innovation: opportunities and barriers [J]. Long Range Planning, 43: 354–63.

De España G and Sociedad U S. 2016. "Ministerio de empleo y seguridad social", Estrategia de emprendimiento y empleo joven 2013/2016.

European Union Chamber of Commerce in China 2017. China manufacturing 2025: Putting industrial policy ahead of market forces. //docs.dpaq.de/12007-european_chamber_ cm2025-en.pdf.

Geelan J, 2009. Twenty-one experts define cloud computing［J］. Cloud Computing Journal, 4: 1–5.

Grossman R L, 2009. The case for cloud computing［J］. IT Professional, 11: 23–27.

Hayes B, 2008. Cloud computing［C］. In Communications of the ACM, 51: No 7. 9–11. ACM: New York, USA.

Kagermann H, Nonaka Y, 2019. Revitalizing Human-Machine Interaction for the Advancement of Society: Perspectives from Germany and Japan. In Acatech DISCUSSION. Retrieved from https://en.acatech.de/wp-content/uploads/sites/6/2019/09/acatech_DISCUSSION_HumanMachineInteraction_final-1.pdf.

Khan S, Ayman A D, Vikram B, M. R. Rabbani, Thirunavukkarasu K, 2021. Cloud computing based futuristic educational model for virtual learning［J］. Journal of Statistics and Management Systems, 24: no. 2, 357–385. DOI: 10.1080/09720510.2021.1879468.

Khan S, Usama M, Salam S. S, Sultan A, 2018. Translation divergence patterns handling in English to Urdu machine translation［J］. International Journal on Artificial Intelligence Tools, 27, no. 05 (2018): 1850017.

Khan S, Thirunavukkarasu K, 2019. Indexing issues in spatial big data management［C］. In International Conference on Advances in Engineering Science Management & Technology (ICAESMT)-2019, Uttaranchal University, Dehradun, India, 1–5.

Khan S, Mohamed R Q, Thirunavukkarasu K, Satheesh A, 2020. Analysis of Business Intelligence Impact on Organizational Performance［C］. In 2020

International Conference on Data Analytics for Business and Industry: Way Towards a Sustainable Economy (ICDABI), 1–4. IEEE.

Lasi H, Peter F, Hans-Georg K, Thomas F, Michael H, 2014. Industry 4.0［J］. Business & Information Systems Engineering, 6: 239–42.

Marston S, Zhi L, Subhajyoti B, Juheng Z, Anand G, 2011. Cloud computing-The business perspective［J］. Decision Support Systems, 51: 176–89.

Mckinsey & Company. 2016. Industry 4.0 after the initial hype, Mckinsey Digital.

Mouzakitis A, 2017. Modernity and the idea of progress［J］. Frontiers in Sociology, 2: 3.

NISTEP. 2019a. "Reasons why people feel anxious about the realization of Society 5.0 in Japan as of March 2019, by gender [Graph]", Retrieved May 10, 2020, from Statista website: www.statista.com/statistics/1058259/japan-negative-attitudes-society-5-by-gende.

NISTEP. 2019b. "Share of respondents who agree Society 5.0 will improve the quality of life in Japan as of March 2019, by gender [Graph]", Retrieved from Statista website: www.statista. com/statistics/1040691/japan-positive-attitudes-society-50-quality-of-life-by-gender.

Nugent N, Mark R, 2015. The European Commission (Macmillan International Higher Education, London).

Posada J, Carlos T, Iñigo B, David O, Didier S, Raffaele D A, Eduardo B P, Peter E, Jürgen D, Ivan V, 2015. Visual computing as a key enabling technology for industrie 4.0 and industrial internet［J］. IEEE computer graphics and applications, 35: 26–40.

Prisecaru P, 2016. Challenges of the fourth industrial revolution［J］.

Knowledge Horizons. Economics, 8: 57.

Serpa S, Carlos M F, Maria J S, Ana I S, 2020. Dissemination of Knowledge in the Digital Society［J］. In Digital Society and Social Dynamics, 2–16. Digital Society and Social Dynamics. Stockport, Cheshire: Services for Science and Education, 2020.doi:https://doi.org/10.1438/eb.17. 2020.

Khan S, Mishra R B, 2015. An English to Urdu translation model based on CBR, ANN and translation rules［J］. International Journal of Advanced Intelligence Paradigms 7, no. 1 (2015): 1–23.

Vogel-Heuser B, Dieter H, 2016. Guest editorial Industry 4.0-prerequisites and visions［J］. IEEE Transactions on Automation Science and Engineering, 13: 411–13.

Voss A, 2010. "Cloud computing". Powerpoint slides, Hewlett-Packard Development Company, L.P. Retrieved from h ttps://www. itapa.sk/data/att/628.pdf.

Wang L, Gregor V L, Andrew Y, Xi H, Marcel K, Jie T, Cheng F, 2010. Cloud computing: a perspective study［J］. New Generation Computing, 28: 137–46.

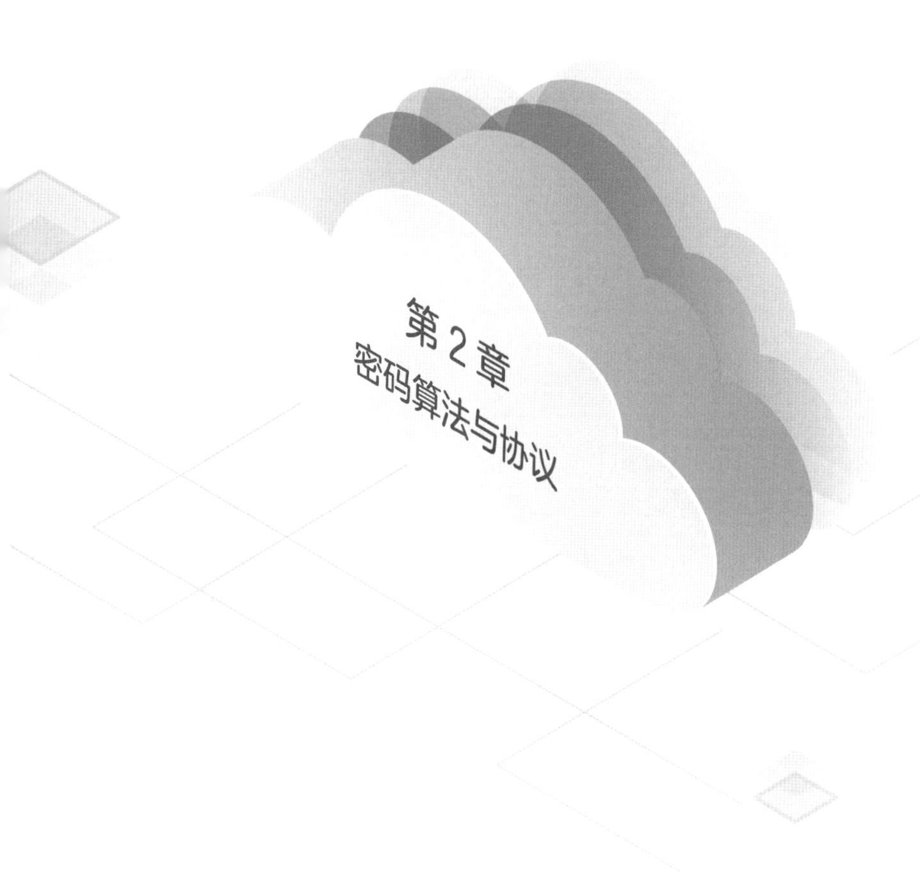

第 2 章 密码算法与协议

穆罕默德·卡利德·伊玛姆·拉玛尼（Mohammad Khalid Imam Rahmani）

2.1 引言

在各国政府及私营部门迅速推行数字化的过程中，有价值的内容的安全问题是一个重要问题。信息安全保障是在互联网或任何网络渠道上赢得用户信任的关键（Bourgeois，2014）。高质量的通信硬件和软件工具为探索更有效的安全技术提供了巨大的机会（Soomro et al，2016）。当代的两种技术分别是加密算法和加密协议（Gupta et al，2016）。

未授权方能成功读取秘密信息的原因是这些系统存在安全漏洞，导致未授权方有机会从所谓的安全系统中访问和泄露机密信息（Bourgeois，2014）。因此，攻击者可以滥用或修改信息，向危险方透露机密信息，向某些组织做出错误陈述，或制订其他有害活动的计划（Tsai & Chen，2013; Bashir et al，2017）。密码学为这个问题提供了一个解决方案。

密码学使用加密算法和协议，使任何未经授权的用户难以泄露任何受限制的信息（Mandal et al，2012）。

本章的主要目标是了解可用的工具和技术以及安全传输数据的重要性，同时了解如何实现互联网的真实性、保密性和其他安全原则，以防止攻击和确保数据的保密性。其他的目标包括：

- 通过现有的密码学技术，找到密码学领域的强项和弱点。
- 对密码算法和协议有深入了解。

● 探讨密码学的应用领域。

本章描述了密码算法，讨论了加密协议的要求。在此基础上，本章探讨了密码学的一些应用领域和信息安全的研究趋势。

2.2 准备工作

密码学（cryptography）源自古希腊单词，“crypt”表示“隐藏”，而“graphy”则表示“书写”。它是通过将原始消息转换为无法理解的形式（Rosenheim，2020）或设置未经授权访问限制来实现安全的科学。加密算法用于在通过网络安全共享信息之前对消息进行编码，未经授权的人很难泄露信息中的秘密细节。密码学的基本模型如图 2.1 所示。

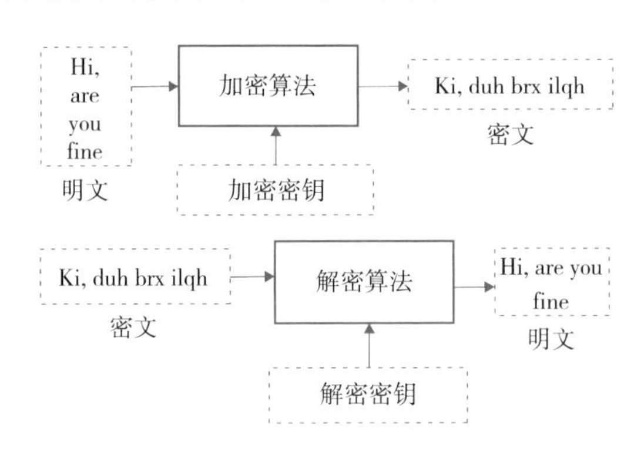

图 2.1　密码学的基本模型

● 明文和密文：发送者想要共享的原始消息称为明文。在发送端，明文通过加密算法转换为安全形式，它被称为密文。接收端则使用解密算法将密文转换回明文。

● 密码：指加密和解密算法。在密码学中，不同类别的算法都会应用密码。

- 密钥：密钥是指加密或解密算法用于明文与密文之间转换的一组数字。要从明文中生成密文，需要一个加密密钥和一个加密算法。要从密文中获取原始消息，需要一个解密密钥和一个解密算法。
- 爱丽丝（Alice）、鲍勃（Bob）和伊芙（Eve）：在密码学中，通常需要理解的 3 个代表计算机或进程的典型角色。爱丽丝是向接收方鲍勃发送安全数据的发送方。伊芙就是那个不知何故截获了爱丽丝和鲍勃之间的通信渠道的人。伊芙可以破译原始信息，也可以将自己伪装的信息发送给鲍勃。

理解加密目标对于分析信息系统的安全问题、充分利用加密系统的能力以及衡量加密算法和协议的优缺点至关重要。下面描述了 4 个加密目标。

机密性：旨在确保仅授权方可以访问信息。机密确保隐私。实现机密性的方法有很多，例如：物理锁、密钥保护和密码以及使数据不可理解的数学算法。

数据完整性：旨在保护信息系统免受任何未经授权的数据更改。为确保数据完整性，系统必须能够检测未经授权方对数据的任何操纵。

身份验证：确保识别试图访问数据的各方。

不可否认性：旨在防止一方否认之前的承诺或行动。如果出现争议，则需要第三方介入解决。

任何加密系统都必须在实践中实现所有 4 个目标（Stinson & Paterson，2018），因为加密的目标是发现任何不必要的入侵，并防止其入侵的后果，如信息盗窃或任何形式的欺诈活动。

密码学中最基本的术语是加密和解密。加密将明文转换为密文，解密将密文转换回明文（Rosenheim，2020）。一个被称为密钥的特殊数字用于加密和解密过程。

2.3 加密算法

加密算法是一组数学和逻辑步骤，这对于将秘密信息转换为加密密码以及从加密密码中获取原始信息至关重要。在密码学中使用的算法有很多，主要的两种加密方法分别是对称密钥加密和非对称密钥加密。

2.3.1 对称密钥算法

在对称密钥算法中，发送方加密明文，接收方用一个密钥解密密文。它们也被称为密钥或私钥算法。发送方必须确保密钥不被未经授权访问，因为拥有密钥的任何一方都可以解密敏感数据，甚至加密新数据，然后声称它来自被泄露的发送方。这些算法比非对称密钥算法更快，因此用于更大的数据量。共享密钥应该只对实际的发送方和接收方可用。发送方和接收方之间的密钥共享问题带来了许多挑战。图 2.2 显示了对称加密的加密和解密过程。

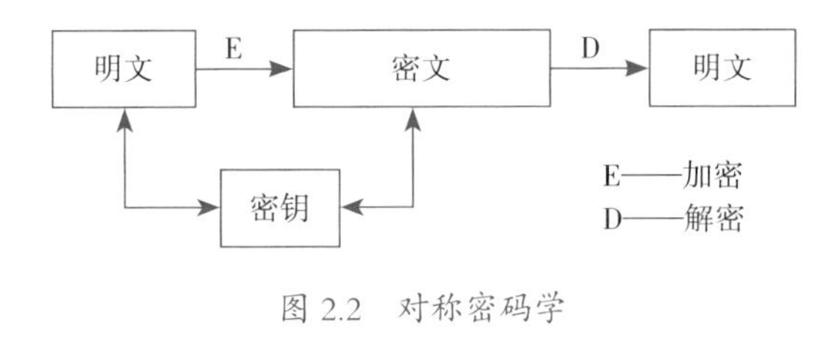

图 2.2 对称密码学

（1）数据加密标准（DES）

这是美国国家标准与技术研究院发布的第一个加密算法。国际商业机器公司（IBM）的一个团队在 1974 年开发了它。该标准于 1997 年被采纳为国家标准。它的密钥大小和块大小均为 64 位。算法只使用 64 位中的 56 位（Data Encryption Standard et al，1999），剩下的 8 位用于其他位的奇偶校验，稍后丢弃。DES 使用 Feistel 网络。它是保护机密商业和非机密数据的标准。

（2）三重 DES 或三重数据加密算法（TDEA）

三重 DES 是 DES 的一个扩展。它的密钥大小为 192 位，块密码大小为 64 位。这种加密方法与原始 DES 不同。它 3 次使用 DES 密码算法，以提高加密级别和平均安全时间。TDEA 比其他分组密码方法慢（Kelsey et al，1996）。由于它是一种强大的加密算法，因此在银行业得到广泛应用。

（3）RC2 算法

RC2 算法使用密钥大小为 8 到 128 位的 64 位分组密码。它使用 18 轮两种不同类型的 MIXING（16 轮）和 MASHING（2 轮）。

Blowfish 算法：使用 64 位块密码。它是 DES 算法的替代品，应用的密钥大小从 32 位到 448 位。Blowfish 算法需要不超过 14 轮。

高级加密标准（AES）：是一种对称的密钥加密和解密算法。这是一种块密码方法。它支持 128 位的块大小，密钥大小为 128 位、192 位或 256 位。它的默认值是 256 位。琼 · 达曼和文森特 · 里曼开发了它，并在美国国家标准与技术研究院举办的一场取代 DES 的比赛中获胜。因此，美国政府采用 AES 取代 DES。AES 是 Rijndael 算法的一种特殊情况，它可以选择 128 位、160 位、192 位、224 位或 256 位的块密码大小。美国国家标准与技术研究院于 2001 年 11 月 26 日发布了名为 FIPS197 的高级加密标准。AES 标准汇总见表 2.1（Dworkin et al，2001）。在 128 位密钥长度的情况下，轮数为 10 轮（9 个处理轮，在密码阶段结束时执行 1 个额外的轮）；在 192 位密钥大小的情况下，轮数是 12 轮；在 256 位密钥长度的情况下，轮数为 14。AES 执行的加密（Zhang et al，2021）快速灵活，它适用于不同的平台。该算法使用置换网络，它的软件、硬件性能都很好。AES 使用的是非 Feistel 网络。

表 2.1　AES 标准总结

AES 标准	密钥长度（位）	块密码长度（位）	轮数
AES-128	128	128	10
AES-192	192	128	12
AES-256	256	128	14

每轮测试分 4 个步骤进行：

● 字节变换：根据查找表将一个字节与另一个字节进行非线性替换。这一过程确保了非线性。

● 行变换：将最后 3 行进行循环移位。

● 列变换：对状态列执行的线性操作。它组合了每列的 4 个字节。

● 轮密钥加（Add Round Key）：子密钥的每个字节都与状态的相应字节相结合。

2.3.2 非对称密钥算法

非对称密钥算法使用单独的密钥对数据进行加密和解密。其中一个密钥是用于加密的公钥，必须与发送方共享。用于解密的另一个密钥（私钥）必须保密。因此，它也被称为公钥算法。像 RSA 算法（Zhang et al，2021）这样的非对称加密算法无法加密大量数据。图 2.3 说明了公钥算法中的加密、解密机制。

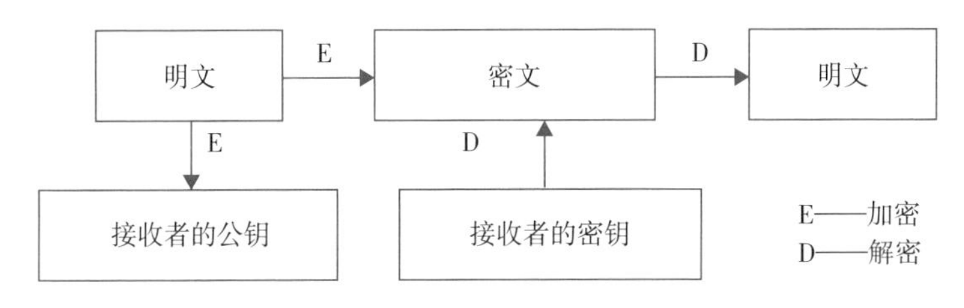

图 2.3　非对称密钥学

加密方可以同时使用公钥和私钥对消息进行加密。至于解密，只能使用私钥。这些加密系统确保了机密性，因为任何发送方使用接收方的公钥加密的消息只能由接收方的配对私钥解密。在公钥加密发送方身份验证的数字签名方案中（Sharma & Singh，2021），数据完整性和不可否认性得到了保证（Forouzan，2011）。非对称算法速度较慢，但它们不存在密钥分配问题。非对称算法的例子有 Diffie-Hellman 算法、RSA 算法和 DSA 算法。其中 RSA 算法是用于加密和数字签名的流行公钥算法之一。

2.3.3 数字签名算法（DSA）

数字签名算法也是一种仅用于数字签名文档的公钥算法。该算法适用于在共享消息或文档之前实现身份验证（Forouzan，2011）。接收经过数字签名的文档，收件人便可以确信发件人是真实的，并且文件在传输过程中未被更改。数字签名常应用于软件分发、金融交易以及那些可能被篡改的文档。为了验证文档，接收方需执行以下步骤。

- 使用发送方的公钥解密数字签名以读取消息。
- 使用发送方使用的相同算法为接收方的消息生成消息摘要。
- 如果两个消息摘要不匹配，则发送方的消息摘要将被泄露。

2.3.4 哈希函数

哈希函数又称散列函数（Hash function），它用于实现协议的公钥加密（Alawida et al，2021）。哈希函数不需要任何键。它们很容易计算，但很难逆转。例如，$f(x)$ 可以很容易地计算出来，但是即使世界上所有的计算机都在一起工作，从 $f(x)$ 计算 x 也需要很多年。$f(x)$ 的值是一个固定长度的散列值，该散列值由明文 x 计算得出，但无法得出明文的内容和长度。哈希函数常用于验证文档的完整性和密码的加密。即使是内容中的微小更改也可以很容易地检测到，因为更改前后的散列值将大不相同。

2.4 加密协议

密码学分析了加密目标的完整性、身份验证、机密性和不可否认性的问题。加密算法是重要的学术课题（Schndier，2007）。仅应用这些算法并不能保证密码学目标的实现。专业人士还需要在通信相关各方之间制定明确的政策和协议，使密码学成为实现其目标的可靠技术，从而解决各方之间完成在线任务时的真实问题。

加密协议是一种分布式算法，旨在精确描述双方或多方之间的交互，其目的是实现特定的安全策略。它以精确的顺序执行一系列的步骤。每一步都必须完全执行，不可改变约定的顺序。它必须是完整的。协议至少需要两个当事人。执行一系列步骤以完成任务的任何单个当事方都无法构成协议。每个当事人都必须知道、理解和遵循它。他们不能做超出指定协议的事情。

每一种加密协议使用一种特定的加密算法来实现这个目标。

2.4.1 仲裁协议

仲裁协议会使用被称为仲裁员的可信第三方。仲裁员没有既得利益，不能偏袒任何相关方。此类协议用于在不信任彼此的双方或多方之间完成任务。

2.4.2 裁决协议

裁决协议采用两个子协议来执行，以降低第三方参与的成本。这一协议会在每个任务执行之初使用一个非仲裁协议。如有必要，则使用仲裁子协议，该协议仅在任务期间相关各方之间发生争议时执行。

2.4.3 自执行协议

这些协议不要求仲裁员完成任务或解决争端。议定书本身确保有关各方之间没有争议。一方可以检测到另一方是否偏离了协议，并且任务是否应立即停止。理想的情况是，每个协议都应该是自执行协议。

2.4.4 协议类型

（1）密钥交换协议

双方需要一个密钥交换协议，才能为一个共享的密钥达成协议。任何一方都可以验证对方。该协议可以就生成一个随机密钥达成一致。一方可以生成密钥并发送给另一方，或者双方都可以参与密钥生成。

（2）Diffie-Hellman 密钥交换

该协议由相关方使用，通过公共渠道交换消息来商定共享密钥。因此，密钥不会泄露给任何未经授权的一方。这种协议只提供针对被动攻击的保护。

（3）识别和认证协议

当执行在线任务时，人们需要使用识别协议来确保双方的身份。他们是否真的拥有私钥需要核实。协议的识别可分为三个级别：

①他是谁？——使用生物识别技术。

②他拥有什么？——使用硬件设备。

③他知道什么？——使用密钥或密码。

使用的一些流行协议有：零知识协议、Schnorr 协议、Guillou-Quisquater 协议等。

（4）使用密码验证

在没有任何数字签名方案的情况下，双方可以共享一个密码。相对而言，这是不安全（强力）的。

（5）使用数字签名的协议

基于数字签名的协议可以通过身份验证来防止主动攻击。

2.5 密码学中的问题

在对称密码学中，如果密钥丢失，通信就无法完成。这就造成了安全密钥分发的问题，可能需要发送者和接收方直接通信，或者需要通过可信的第三方操作，或者需要通过现有的加密媒体进行通信（Sharma et al，2021; Khan & Kannapiran，2019）。密钥分配的问题需要谨慎处理：密钥必须被安全地存储、使用和销毁。密码学只转换明文，但从不隐藏它（Rahmani et al，2014）。密码学的一个弱点是，如果第三方检测到加密信息的存在，它可能会出于好奇而试图破解它。有时，好奇心会引发打破密码的尝试。因此，机密性可能被克服，信息可能被修改或滥用。

2.6 结论

对于秘密通信，我们必须确保信息的机密性。本章简要介绍了双方或多方共享秘密信息的安全技术和机制，详细描述了密码算法和协议。

这一领域未来的工作在于探索有用的技术以提高信息的安全性，并提高在线共享秘密信息的便利性和可信任性。机密性是其主要目标。为了在真实的操作环境中测试具有更先进破译密码技术的信息安全系统，还需要进行密码分析研究。此外，还需要利用现代加密工具和技术开发一个信息安全基础设施框架，以节省时间并提高与在线受信任方共享机密信息时的信息容量。

参考文献

Alawida M, Azman S, Nancy A, Je S T, Musheer A, Wafa' H A, et al, 2021. A novel hash function based on a chaotic sponge and dna sequence［J］. IEEE Access, 9: 17882–17897.

Bashir, T, Imran U, Shahnawaz K, Junaid Ur R, 2017. Intelligent reorganized discrete cosine transform for reduced reference image quality assessment［J］. Turkish Journal of Electrical Engineering & Computer Sciences, 25, no. 4: 2660–2673.

Bourgeois D, 2014. Information Systems for Business and Beyond. The Saylor Foundation, Washington, DC.

Data Encryption Standard et al 1999. "Data encryption standard". In Federal Information Processing Standards Publication. p. 112.

Dworkin M J, Elaine B B, James R N, James F, Lawrence E B, Roback E, James F D J, 2001. Advanced Encryption Standard（AES）［J］. Federal Inf. Process. Stds.（NIST FIPS）, National Institute of Standards and Technology, Gaithersburg, MD, [online], doi.org/10.6028/NIST.FIPS.197（Accessed March 28, 2021）.

Forouzan B A, 2011. Cryptography and Network Security, 2nd Edition, Publisher McGraw-Hill Education（India）Pvt Limited, New Delhi.

Gupta B, Dharma P A, and Shingo Y. 2016. Handbook of Research on Modern Cryptographic Solutions for Computer and Cyber Security. IGI Global, Hershey, PA, USA.

Khan S, and Thirunavukkarasu K, 2019. Indexing issues in spatial big data management［C］. In International Conference on Advances in Engineering

Science Management & Technology（ICAESMT）-2019, Uttaranchal University, Dehradun, India.

Kelsey J, Bruce S, David W, 1996. Key-schedule cryptanalysis of idea, g-des, gost, safer, and triple-des［C］. In Annual International Cryptology Conference. Springer, Manhattan, NY, USA pp. 237–251.

Mandal A K, Chandra P, Archana T, 2012. Performance evaluation of cryptographic algorithms: DES and AES［C］. In: 2012 IEEE Students' Conference on Electrical, Electronics and Computer Science. IEEE, pp. 1–5.

Rahmani M K I, Kamiya A, Naina P, 2014. A Crypto-Steganography: A Survey［J］. International Journal of Advanced Computer Science and Applications, 5, no. 7: 149–155.

Rosenheim S J, 2020. The Cryptographic Imagination: Secret Writing from Edgar Poe to the Internet［M］. JHU Press, Baltimore, MD.

Schneier B, 2007. Applied Cryptography: Protocols, Algorithms, and Source Code in C［M］. John Wiley & Sons, Hoboken, NJ.

Sharma S, Jain S, Chandavarkar B R, 2021. Nonce: Life cycle, issues and challenges in cryptography［C］. In ICCCE 2020, Springer, Manhattan, NY, USA pp. 183–195.

Sharma D, and Avtar S, 2021. Privacy preserving on searchable encrypted data in cloud［C］. In Gurdeep Singh Hura, Ashutosh Kumar Singh, and Lau Siong Hoe（Eds.）, Advances in Communication and Computational Technology, Springer, Singapore, pp. 847–863.

Soomro Z A, Mahmood H S, Javed A, 2016. Information security management needs more holistic approach: A literature review［J］. International Journal of Information Management, 36, no. 2: 215–225.

Stinson D R, Maura P, 2018. Cryptography: Theory and Practice. CRC Press. Tsai, Ming-Hong and Chaur-Chin Chen. 2013. “A study on secret image sharing” . In Proceedings of the 6th International Workshop on Image Media Quality and its Applications, Citeseer, Tokyo, Japan, pp. 135–139.

Zhang X, Hu J, Li H G, 2021. A comprehensive test framework for cryptographic accelerators in the cloud［J］. In Journal of Systems Architecture, 113: 101873.

巴赫拉维 · 米什拉（Bharavi Mishra），
阿曼 · 艾哈迈德 · 安萨里（Aman Ahmad Ansari），
普纳姆 · 杰拉（Poonam Gera）

3.1 引言

安卓是一款潮流流行的智能手机和平板电脑操作系统。国际数据公司（IDC）的2020年报告称，全球有13亿部基于安卓系统的手机，约占智能手机市场的84.8%（IDC，2020）。安卓系统的开发基于Linux内核2.6版本，并经过广泛修改，以使用复杂的软件和硬件传感器，为客户带来创新和价值。安卓设备中还包含谷歌邮箱（Gmail）、油管（YouTube）、脸书（Facebook）、照片墙（Instagram）等流行的网络应用程序，这些应用程序使其在日常使用中更高效、更有用。

智能手机、平板电脑和智能电视存储了大量用户数据（Khan & Kannapiran，2019）。如果这些数据被泄露，将对用户的隐私构成严重威胁。不幸的是，安卓智能手机的普及也吸引了恶意软件开发者。卡巴斯基进行的一项研究显示，谷歌游戏商店上有1000多万个可疑应用，可能会在用户不知情的情况下通过公共网络将用户的敏感数据（如照片、通话记录等）发送给未知的接收方。因此，应用程序通过互联网访问用户数据的默认权限对于保护用户隐私来说更加麻烦（Bashir et al，2017）。尽管棉花糖（Marshmallow）和它的更高版本的更新为用户提供了选择允许程序访问哪一组数据的选项，但它只适用于大约100款智能手机，它们只占整个安卓系统手机市场的7.5%。

在过去的10年里，许多重要人物的手机和其他数字设备上的数据被窃取的情况屡见不鲜。澳大利亚外交部前部长朱莉·毕晓普（Julie Bishop）的手机曾在“7·17”马航客机坠毁事件后她出访时遭到黑客攻击。这些事件对国家安全和个人隐私构成威胁。因此，为了确保用户的安全和隐私，安卓操作系统应该有一个强大的安全机制。

最常见和标准的数据安全机制是加密。除非密钥可用于解密数据，否则它会使数据无效。这种方法在过去被证明是有效的，然而，这种机制在资源有限的安卓设备上是计算密集型的。

网络安全社区设计的另一种保护用户隐私的技术是通过静态和动态分析检测恶意软件，从而禁止它们出现在应用商店。许多研究人员创建并加强了类似的系统（IMPACT，2018），用来观察应用程序在模拟器上执行时的行为。在这些系统中，应用程序仅限于在模拟环境中运行应用程序。它们根据特定的启发式对应用程序进行统计分析，并进一步将其归类为良性或恶意软件。此外，安卓开发者基于上述概念设计了“谷歌保镖”（Google Bouncer）。它使用基于QEMU的仿真器检查谷歌Play商店上传的所有应用程序。因此，谷歌保镖在2011年将从谷歌游戏下载的恶意软件数量减少了40%。

仿真器识别是检测恶意软件的关键步骤，为了区分真实设备和仿真器，学者已经进行了大量研究（Jing et al，2014; Vidas & Christin，2014; Petsas et al，2014）。这些现有方法在最初开发时有效地完成了任务。最终，恶意软件开发人员发现了一些漏洞，他们可以通过基于仿真器的分析工具逃避检测。例如，如果应用程序包（APK）文件被加密，对APK应用静态分析将不会产生任何结果。此外，如果应用程序没有检测出仿真器，那么恶意软件就可以避开动态分析技术。如果应用程序在仿真器上执行，那么它很可能正在沙箱中运行。如果恶意软件中的仿真器没有被检测出异常，它的行为就像是良性的，就像任何其他正常的应用程序一样，并减少了其在分析中被捕获的机会。

本章内容是我们之前工作的延伸，并被作为学生论文提交给 LNM 信息技术研究所。在本章中，我们将讨论一种保护用户隐私的方法（由我们的团队开发和测试）。这种方法会对安卓应用程序进行行为分析。它结合了两个基于客户端 – 服务器体系结构的独立系统，以保护用户驻留在智能手机上的数据。

服务器会帮助系统理解应用程序的实际行为，并对其进行适当的标记。同时，基于应用程序的行为，客户端（SP-Enhancer）保护通过互联网从智能手机传输出来的数据（由应用程序发送）。服务器结合了真实设备的属性，以执行基于仿真器的恶意软件检测。该环境的主要关注点是模拟用户行为，以便恶意软件不会检测到仿真器并揭示其真实特征。经过行为分析后，如果应用程序的行为来自真实设备，客户端会将应用程序不需要的私有或敏感数据转换为无法读取的格式，从而保护用户隐私，方法是在不使用任何加密的情况下对其进行随机置乱。传统的方法，如暴力破解、字典攻击或彩虹攻击，都无法对加扰后的数据进行解扰。

3.2 隐私保护和安全方面的建议

自从移动计算诞生以来，新技术发展迅速。安全专家现在正致力于加强移动设备的安全性和隐私保护。本节将讨论现有的移动数据安全工具和技术。这些方法要么由安卓开发者开发，要么由研究人员开发。谷歌提供的安全解决方案是在仿真器上运行所有应用程序，以识别任何现有的安全漏洞，然后再将其上传到谷歌应用商店。恶意软件应用程序避开了这些解决方案，因为它们可以使用行为分析让仿真器难以被识别。它们的仿真器会在这些应用程序上表现出良好的行为。本节将讨论保护隐私和安全的 4 种基本技术：数据加密方法、谷歌使用的安全模型、第三方应用以及仿真器检测和绕过。

3.2.1 数据加密方法

加密是一种编码技术，其开发目的是保护数据免受未经授权的访问。它保护数据安全，但其代价是增加了加密和解密的成本。因此，系统的性能和用户体验会受到严重影响。因此，安卓版本没有使用加密，这进一步增加了用户数据的安全风险。

3.2.2 谷歌使用的安全模型

谷歌在安卓架构中实施了一些安全协议，为用户保障隐私安全。在本节中，我们将讨论安卓使用的一些安全机制。

（1）应用程序清单

开发者在应用程序清单中定义了应用程序属性，它提供执行任何应用程序所需的信息（Yuksel, Zaim, & Aydin，2014）。开发者对每个安卓应用程序进行数字签名；之后，安卓的安全模型将开发者的签名与应用程序包的唯一ID映射，以强制执行签名级权限授权。此安全模型仅确认源代码的来源，并提供源代码的完整性保护。

应用程序的更新可能会在没有用户授权的情况下带来危险。为了处理这个问题，让它更方便用户，谷歌将权限分为13个不同的权限组。在应用程序更新期间，应用程序可以在已获取的权限组中获取新权限，这对数据安全和隐私构成了额外威胁。所有应用程序都有访问互联网的默认权限，因为大多数应用程序都需要互联网才能正常运行。互联网访问权限属于其他权限组。

（2）沙盒

与Linux类似，在安卓系统中，每个应用程序都安装了一个唯一的用户ID（UID），这会导致每个应用程序都有一个不同的主目录，应用程序的代码和数据都位于这个目录中。这些目录只能通过使用相应UID运行的进程或在应用程序的用户空间内访问。此机制可以保护应用程序中的个人或本地数据不受其他应用程序的影响。

就像其他安全机制一样，沙盒是高效的，但并非无懈可击的，因为有些应用程序依然可以访问这些目录。

（3）谷歌保镖

谷歌保镖会扫描安卓应用程序，以检测潜在的恶意应用程序，但不会中断用户体验。此服务会对已知恶意软件（如特洛伊木马和间谍软件）的所有应用程序进行扫描。它将应用程序的行为与以前分析的应用程序进行比较，并尝试检测任何危险信号。

然而，根据研究，人们发现谷歌保镖的规律可以被掌握。恶意软件在谷歌保镖上运行时，利用此漏洞并隐藏其实际行为以伪装成合法应用程序并不困难。谷歌保镖上的应用程序扫描只有 5 分钟，这对于大多数恶意应用程序来说是不够的。任何恶意应用程序在测试时都可以冒充良性应用程序，并可能在随后造成严重损害。此外，恶意应用程序还可以执行更新，其中初始安装程序负载中没有恶意代码。然而，当应用程序执行更新时，它会在设备上安装恶意代码。

（4）恶意软件删除

安卓系统的设计能够检测恶意软件并保护平台免受任何潜在威胁。因此，如果任何设备受到影响，应用商店可以远程删除任何安卓设备中的大部分恶意软件。

不幸的是，只有当我们能够及时检测到恶意应用程序时，系统才能删除恶意软件。虽然系统可以远程删除已安装的应用程序，但它最好从一开始就保护用户设备。

3.2.3　第三方应用

除了默认的系统内置方法外，还有各种第三方技术来帮助保护用户的安全和隐私。我们将在本节中讨论其中几个：

（1）Taint Droid

Taint Droid会监控第三方应用程序如何利用智能手机用户的私人数据。它使用了一个动态污点分析系统。安装应用程序时，系统会提示用户应用程序运行所需的权限，但不会显示应用程序将如何使用数据。Taint Droid采用务实的方法，让用户了解应用程序如何使用他们的数据。它能够跟踪定位信息、电话号码、设备识别码等数据。Taint Droid 提供应用程序的实时分析。动态污点分析可以监控程序代码在系统上运行的情况（Schwartz, Avgerinos & Brumley，2010）。Taint Droid 为用户标记相关信息，并跟踪其在安卓系统中的流动情况。它在源位置污染信息，然后在接收器（信息离开设备的地方）中跟踪信息。

（2）LP-Guardian

LP-Guardian 专注于维护用户的位置隐私。LP-Guardian 提供对威胁的跟踪、分析和识别，同时维护完整的应用程序功能。该框架首先拦截从应用程序调用的位置 API，然后扰乱检索到的数据，使恶意应用程序无法识别用户的实际位置（Fawaz & Shin，2014）。

虽然基于仿真器和动态分析的系统在控制设备中不同应用程序的入侵方面越来越流行，但与此同时，在仿真器检测和动态分析绕过领域，人们也已经做了大量工作。现在将讨论与拟议框架有关的重要工作。赵子铭等（2014）确定了10000多种用于检测安卓仿真器的启发式算法，并根据其各自的准确性对检测启发式算法的前30个工件进行了排名。这些启发式进一步细分为文件、API和仿真器属性。这项研究是针对QEMU（Quick Emulator）和基于虚拟箱的模拟器进行的，该团队还开发了一个安卓应用程序来检测一个设备是真实设备还是模拟器。

维达和克里斯汀（2014）使用行为分析检测了仿真器系统，包括系统性能、硬件和软件组件的工作以及系统设计选择，以绕过基于仿真器的安卓分析环境。他们还关注CPU和GPU的性能差异以及其他硬件和软件组件。

佩萨斯等（2014）提出了一种反分析技术。该技术基于静态信息（如设备识别码、IMSI、SIM号码），动态信息（如传感器特定读数）和与虚拟机相关的安卓仿真器属性，以识别和绕过基于仿真器的安卓分析环境。

迈尔等（2015）对10个不同的沙箱进行了标识。他们证明了动态代码加载可以绕过谷歌保镖。该研究表明，与良性应用程序相比，恶意应用程序更频繁地使用动态代码加载，并得出结论，如果攻击者将应用程序设计为在不同场景（真实或模拟）中表现不同，则静态和动态分析都无法提供全面的恶意软件安全性。

尽管基于安卓系统的安全整合器太多，但在确保安卓设备的隐私和安全方面仍存在一些漏洞。Taint Droid 只显示泄露数据的类型和来源。LP-Guardian 仅保护用户设备的位置。现有的工具当然提供了一定程度的隐私保护，但并没有保护所有用户数据的各种隐私。为了提供完整的解决方案，应用程序和数据不能用一个通用解决方案来解决。

现有工具使用加密来实现数据集中的隐私。然而，加密是一种传统技术，可以被冷启动攻击、暴力攻击等方法破解，而且它本质上是计算密集型的。另外，现有的基于仿真器的系统很容易被识别，并且可以被恶意软件应用程序绕过。

因此，我们将讨论一个整合的环境，其中使用了基于QEMU的模拟器以及静态和动态分析。它还使用置乱技术来保护用户隐私，防止未经授权的非功能性数据需求。

3.3 安卓系统的安全性

3.3.1 安卓体系结构

安卓是一个基于 Linux 的开源软件程序，或者说是一个操作系统（图 3.1）。其平台安全性基于操作系统的体系结构，并通过将资源和可访问性分离到上层来实现。Linux 内核在底层运行。每一层都假定下层是安全的。随后的层变得越来越难访问。

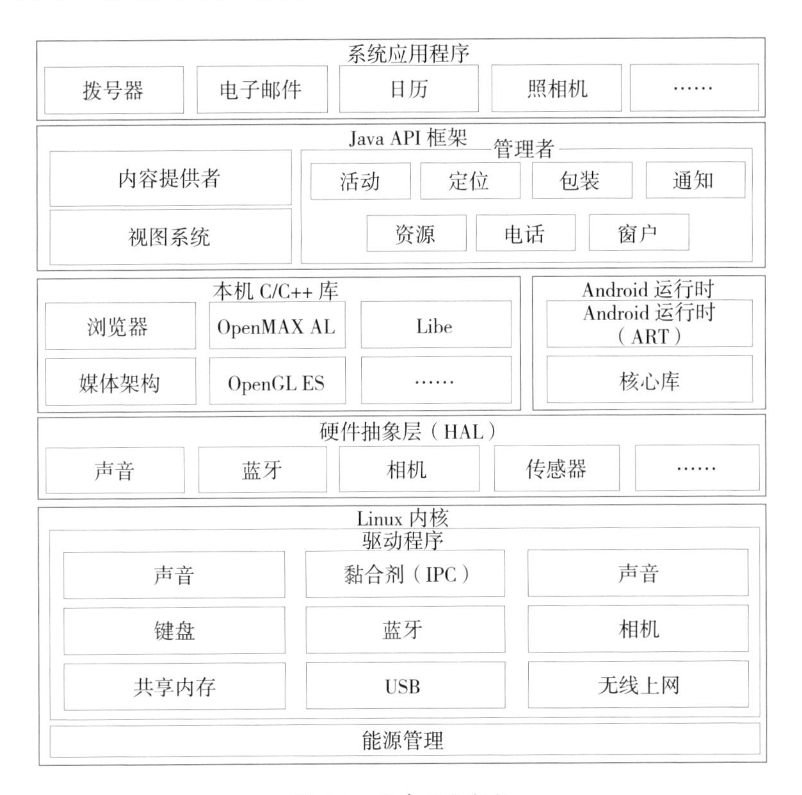

图 3.1　安卓平台架构

安卓底层安全模型基于应用程序沙箱。安卓沙盒是在系统中隔离应用程序的方式。它可以防止外部程序影响到架构中的各个层级。所有应用程序在运行时都会被分配用户 ID。它们只有访问自己文件的权限。沙盒可以防止外部恶意软件攻击和安全威胁，如果一个应用程序遇到安全问题，其他应用程序的操作不会受到影响。

安卓为加密服务提供硬件支持的密钥保护。存储的密钥为用户数据的身份验证提供了一个安全的通道。验证引导用于检查系统启动时的状态。它验证系统是否处于良好状态。在安卓 8.0（Oreo）中，谷歌引入了 Treble 项目以提高低级别安全性。Treble 项目将开源安卓系统框架与供应商级别的硬件代码实现分离开来。它对设备安全和更新速度产生了积极影响。

在早期版本中，设备制造商和系统芯片供应商如果想更新发行版本，就必须更新大部分安卓代码，因为安卓操作系统和供应商硬件之间没有分离。现在，操作系统可以在不改变或重新配置硬件的情况下进行更新。它还提供了硬件抽象层（HAL）的优势。在旧版本的安卓系统中，HAL 是在过程中运行的。HAL 现在被隔离到自己的进程中，而不是在过程中使用 HAL。这遵循了最小权限原则，因为与流程的其余部分相比，流程中的 HAL 无法访问相同的权限集。

3.3.2　应用程序安全

安卓使用权限模型来防止应用程序使用不必要的敏感数据和资源。应用程序需要相应的权限才能使用应用程序接口（API）与底层系统进行交互（Zhou et al, 2011; Ongtang et al, 2012; Bugiel, Heuser & Sadeghi, 2013; Backes et al, 2014)。应用程序拥有的所有权限必须在应用程序的清单文件中指定(Karim, Kagdi & Di Penta, 2016)。权限分为3类与资源和API相关的风险和安全级别对应的类别：正常、危险和签名权限。正常权限指应用程序必须与沙箱外的资源进行交互且不会对用户隐私造成任何威胁的权限。正常权限包括蓝牙、互联网和KILL后台处理。签名权限指在安装时授予并允许应用程序使用由相同证书签名的权限。危险权限是指可能对用户安全和隐私构成潜在威胁的权限。用户需要批准这些权限。短信、存储和摄像头权限属于此类别。

在安卓系统的早期版本中(直到安卓5.0)，用户无法选择权限的子集。在安装过程中，他们必须授予应用程序清单文件中提到的所有权限。安卓6.0(Marshmallow)引入了一种新的权限机制，称为运行时权限。如果用户在运行应用程序时收到危险权限的通知，他可以选择撤销或拒绝任何特定权限，但这需要关于应用程序和域的权限的充分的知识，以决定哪些权限是必需的。有时候，拒绝权限可能会导致故障。因此，了解运行任何应用程序所必需的权限集很重要。

安卓还为敏感API提供了严格的策略。在安卓8.0及以上版本中，GET_ACCOUNTS权限现在已不足以完全访问设备上的活动账户列表。例如，即使谷歌拥有Gmail，用户现在也必须向Gmail应用授予访问该设备上谷歌账户的权限。例如，Settings Seure ANDROID_ID或SSAID是提供给所有应用程序的ID。为了防止滥用安卓ID，安卓8.0提供了一种机制，在重新安装应用程序时，在软件包名称和密钥相同之前，不允许对安卓ID进行任何更改。另一个特性是*Build.getSerial*( )会返回设备的实际序列号，直到呼叫者获得电话许可。安卓8.0已经让它成了一个不受欢迎的

API。这可以保护设备的序列号不被应用程序误用。

安卓系统在强化安全政策方面取得了进展。然而，值得注意的是，截至 2020 年 10 月，只有 40.35% 的设备运行安卓 10.0，22.59% 的设备运行安卓 9.0（Pie）。超过 35% 的用户仍在手机上使用较旧的安卓版本。由于用户缺乏安全知识和敏感 API 中的安全漏洞，用户经常受到操纵。

3.4 保护框架

保护框架使用客户机 – 服务器体系结构，其中服务器具有足够的计算能力，客户机是安卓设备。这个框架通过两个步骤保护数据隐私，这两个步骤在两端执行。

启动应用程序安装后，客户端会请求服务器检查应用程序。服务器通过静态和动态分析响应请求，执行请求的应用程序安全分析。如果应用程序是恶意软件，服务器会提示客户端不要安装应用程序；如果应用程序已经安装，服务器则会指示客户端立即删除应用程序。相反，如果应用程序是良性的，则应用程序请求的所有权限可能都不是真实的。因此，服务器执行下一步，根据应用的真实需求扫描请求的权限。

与应用程序相关的真正权限将被标识并存储在服务器 – 应用程序 – 列表中的服务器上。服务器 – 应用程序 – 列表是由服务器端的权限推荐系统使用机器学习技术生成的文本文件。此外，该信息会传达给客户端，客户端会更新其客户 – 应用程序 – 列表。使用客户端 – 应用程序 – 列表，客户端模块只发送原始格式的真实数据和其他加密格式的非真实数据。如果恶意软件应用程序以某种方式绕过了此安全检查，用户数据隐私仍然会得到保护，因为默认情况下，所有内容都将以加扰的形式发送。所有这些任务都是使用 SP-Enhancer 框架在客户端执行的，该框架包括 4 个组件：推荐人 – 应用程序、客户端 – 应用程序 – 列表、内部 – 常规、扰码器。完整框架的控制流程如图 3.2 所示。

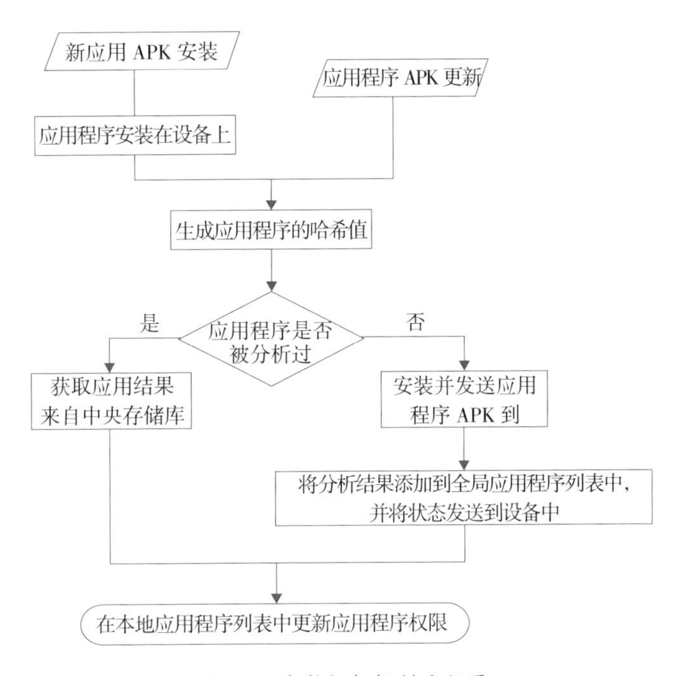

图 3.2　完整框架控制流程图

3.4.1　服务器的功能

服务器会扫描客户端请求的所有应用程序，以保护客户端数据的安全性和隐私，防止未经授权的访问。它有 3 个主要组成部分：通知 – 列表、服务器 – 应用程序 – 列表和应用 – 分析 – 环境。在收到客户机的请求后，服务器会首先进行检查。如果应用程序已经存在于列表中，它会立即用与该应用程序对应的真实权限列表响应客户端。否则，所有安全检查请求以及客户端ID和应用程序ID都存储在通知列表中。经过详细的安全检查后，如果应用程序是良性的，则与该应用程序关联的真实权限将存储在服务器－应用程序－列表中。此信息也会传达给通知列表中列出的与应用ID对应的所有客户端。

（1）通知清单

通知清单本质上是动态的，为想要安装新应用程序的客户端提供簿记功能。它是安卓应用程序和请求使用它的客户端的映射。它以列表数组的形式存储信息，每个列表的第一个元素存储应用程序ID，其余元素存储发起安全检查的客户端ID。安全检查后，服务器应用程序列表将更新。所有与应用程序关联的客户端都会收到通知，相应的列表也会被销毁。

（2）服务器应用程序列表

它存储服务器执行的应用程序安全检查的结果。此列表的每一行都包含应用ID的哈希值、相应的标签（恶意软件或良性软件）、良性应用的真实权限列表以及分析时间。当客户端发出新请求时，服务器将在此列表中搜索所请求应用的哈希值。如果匹配，则在良性应用程序的情况下，将应用程序标签和权限列表发送给客户端；否则，只发送标记值。但是，如果没有匹配项，服务器则会将应用ID添加到通知列表中，并对请求的应用进行安全分析。之后，服务器－应用程序－列表将被更新，结果也将传达给表中列出的所有客户端（样表见表3.1）。

表 3.1　服务器应用程序列表

（样表）

散列（应用程序 ID）	应用程序标签	权限列表	时间

拥有一个服务器应用程序列表大大减少了对同一应用程序的重复分析。一旦发现对同一应用程序的重复分析行为，所有之前注册的客户也会收到新发现的通知。

（3）应用程序分析环境

服务器对所有客户端的应用程序进行安全和隐私分析。所有这些应用的分析都是在仿真器上进行的。仿真器展示真实的设备行为，以了解应用程序的真实行为，这将在安装后显示。此任务分两步执行。第一步被定义为“权限扫描”，在真实的仿真器上动态扫描每个应用的行为，如果该应用不是恶意软件，则将分析结果发送给第二步——“权限推荐”；否则，它将在此步骤终止。“权限推荐”将使用谷歌商店定义并存储在服务器 - 应用程序 - 列表中的应用程序类别来识别必要的或真实的权限集。

（4）权限扫描

该模块有两个子组件：静态分析组件和动态分析组件。最初，静态分析组件对应用程序包（APK）文件执行静态分析。它返回有关所需权限以及与应用程序关联的活动和服务集的信息。然而，如果 APK 是加密的，静态分析是不可行的。动态分析组件在智能环境控制的仿真器上运行，因此任何恶意软件都不会检测到仿真器（表 3.2）。

静态分析组件：它使用安卓卫士（Google. “Andro guard”），一个逆向工程工具箱，从 APK 文件中提取程序包信息。最初，静态分析组件使用安卓卫士从 APK 中提取应用程序的清单文件，并将其存储在不同的文件中。清单文件包含应用程序、活动、服务、广播接收器和任何本机代码所需的所有权限的列表。从清单文件中收集的权限根据其数据要求分组在一起。例如，访问精细位置和访问粗略位置权限放在一起，因为它们都需要全球定位系统传感器数据。表 3.2 列出了框架中使用的权限组。APK 上的线性扫描可以获得静态特征。安卓卫士（静态分析器）从应用程序的 APK 文件中提取静态功能。每个应用都可以用一个特征向量来表示。每个特征向量包含有关权限、软件包、硬件、意图和类别（即恶意或良性）的信息。此后，任何分类算法都可以用来预测恶意软件应用。

表 3.2 权限组

权限类型	描述
地方	位置相关权限
外部存储	读写权限
网络状态	检查网络状态的权限
电话	与通话记录相关的权限
联系人	电子邮件、手机号码等
日历	读取或写入用户日历
短信服务	短信权限
硬件	传感器和相关权限

动态分析组件：组件包括 Droidbox 以及一些额外的附加组件和 Morphice 测试库（Jing et al, 2014）。它由 4 个子模块（个性化、传感器模拟器、事件模拟器和用户模拟器）组成，用于将仿真器转换为假设备或真实设备，

以观察安卓应用程序的真实行为。

个性化模块：所有真实设备，如手机、平板电脑等，都有用户通话日志、联系人、消息、文件、图片等。默认情况下，仿真器不包含这些内容。个性化模块通过使用虚假用户内容填充仿真器来克服这一问题。要执行此操作，个性化模块将用Permission、txt（静态分析组件的输出文件）作为输入文件，并根据应用程序请求的权限填充通话日志、联系人、存储器等。对于假用户内容，它使用开放源数据集。尽管电话号码是随机生成的，但联系人姓名是真实的。作为仿真器的初始化，如果应用程序请求访问内存，个性化模块会使用含有虚假数据的随机文件（字符、歌曲、图像等）填充SD卡。然而，如果APK文件被加密，所有这些活动将自动发生，尽管这是计算密集型的，因为我们必须填充每种类型的数据。

传感器模拟器模块：每台真正的设备都配有嵌入式传感器和访问其数据的机制。然而，在仿真器中，与传感器相关的数据是静态的，大多数应用程序可能会检测到这些数据。因此，传感器模拟器模块会向传感器提供虚假数据。它使用Permission、txt获取应用程序所需的所有传感器的权限，并相应地以实时延迟的方式提供被操纵的数据，以使仿真器拟真。不幸的是，几乎没有传感器，比如加速计，可以在未经许可的情况下被任何应用程序使用。因此，它可能会对动态分析组件造成威胁。仿真器被输入来自开源的虚假数据，在开源中，受试者走路、开车、跑步，等等。类似地，传感器模拟器还通过匿名贡献者向其他相关传感器提供数据。

事件模拟器模块：有些应用程序需要设备的广播信息。事件模拟器的任务是根据应用程序的需求创建事件。它通过Receivers.txt（从静态分析组件接收）文件以了解应用程序需要哪种广播。事件模拟器构成了与每种广播意图对应的脚本。例如，任何仿真器最显著的特点是电池电量。它总是不变的，值为 50%，除非它被改变。恶意软件仅通过监控电池电量就可以检测仿真器。因此，事件模拟器会告诉仿真器通过基于数据集更新其状态来更改电池电量。

用户模拟器模块：用户动作和手势是任何安卓设备的主要组件之一，仿真器中不提供这些组件。用户模拟器通过在仿真器上模拟虚假的用户行为来弥补这一差距。用户界面（UI）是用 Java 或本机代码开发的。基于 Java 的用户界面是为所有通用应用程序设计的。然而，如果应用程序是资源密集型的，开发人员倾向于选择本机代码，因为它是在 CPU 上执行的，而 Java 代码是在 Dalvik 虚拟机或安卓系统运行时执行的。由于这些特性，用户模拟器分为两部分：基于 Java 的用户模拟器和基于本机代码的用户模拟器。以下各节将对其进行更详细的讨论。

基于 Java 的用户模拟器模块：它使用用户界面自动机获取 UI 组件。应用程序提取的活动存储在名为“用户界面转储”的 XML 文件中。该文件使用 XML 解析器进行分析，并根据组件的属性（如可点击、可聚焦和可长时间点击等）对组件进行分离。这些信息被提供给“猴子赛跑者”（Monkeyrunner）脚本，以模拟人工用户行为。框架选择一个随机的用户界面元素来执行特定的任务。然而，我们只能模拟有限数量的用户界面元素基于 Java 的用户模拟器活动。因此，使用“触摸”和“拖动”活动模拟“可滚动”等事件长时间可点击的动作由“触摸”和“保持”手势触发，然后是“拖动”事件。类似地，元素在显示中的位置由 [X，Y][X_Length，Y_Length] 格式的“绑定”属性标识。所有触发的事件都以用户界面元素的中间为目标，以实现最大的准确性。

基于本机代码的用户模拟器：游戏应用需要强大的计算能力和图形处理能力，因此，它们是用本机代码开发的，以提高整个系统的吞吐量。基于概率的方法可用于检索游戏应用程序的用户界面元素。我们使用预先计算的用户界面元素概率分布矩阵。使用这种技术，我们增加了分析大多数应用程序特性的概率，而不是活动的随机输入。在用户界面上，按钮的最小值为 48 dp。我们已经将用户界面屏幕分成 48dp × 48dp 矩阵的单元。公式（3.1）用于将 dp 转换为绝对像素：

$$像素=\frac{dp\times 显示度量}{默认密度} \tag{3.1}$$

其中，显示度量定义为仿真器设备的高度或宽度的密度。默认密度为 160（标准参考密度）。使用公式（3.2）计算屏幕像素矩阵。计算完矩阵后，我们考虑了谷歌商店上可用的前 50 个免费游戏应用程序，并计算了任何用户界面元素的存在［见公式（3.3）］，然后将其根据细胞的概率按降序排列，并将排序列表上的元素作为输入提供给“猴子赛跑者”脚本，以模拟延迟为 1 秒（事件触发后安卓活动的响应时间）的输入。以下公式用于计算概率：

$$Q(i,j,k)=\begin{cases}1, & 如果第i行和第j列上有按钮\\ 0, & 其他\end{cases} \tag{3.2}$$

$$P(i,j)=\sum_{k=0}^{50}Q(i,j,k)/50 \tag{3.3}$$

其中 $Q(i, j, k)$ 表示按钮存在于第 k 个活动中的概率。$P(i, j)$ 是屏幕矩阵中第 i 行和第 j 列单元格中按钮存在的实际概率。该框架没有向“猴子赛跑者”脚本提供伪随机输入，而是基于概率提供输入，这是系统化的，可以减少不必要的随机输入计算。

在模拟环境中执行应用程序时，我们可以提取行为特征，如文件 I/O、网络 I/O、程序跟踪等。这些信息用于训练分类模型以预测恶意软件或良性应用。

（5）权限推荐

即使应用程序是良性的，所有请求的权限也可能不都是真实的。因此，本模块会推荐特定应用程序所需的一组权限。它对谷歌商店的每个应用程序执行相同的操作，对它们进行分类，并确定每个类别所需的最低权限集。权限还分为两个不同的集群：危险权限和标准权限。特定应用所需的权限集是通过比较该应用所属类别所需的最小权限集和该应用所需的总权限来确定的。这有助于量化应用程序请求的所有危险权限，这些权限对应用程序的功能不是必需的，并且会损害用户的隐私。此任务分为 3 个步骤：数据收集、数据分析和构建面向用户的推荐应用程序（SP-Enhancer）。使用此应用程序，用户可以启用尚未授予的权限或禁用已授予的权限。

①数据收集

在这一步中，我们收集了谷歌商店中每个类别中排名靠前的应用程序（即在1~5分制中评级>4的应用程序）的信息，并将其放在一张谷歌表格中。根据谷歌商店的分类，这些应用被分为 40 个类别。这些类别是从 Jsoup 连接返回的文档对象的元素中提取的。Jsoup 连接是通过提供特定应用程序的谷歌商店网页启动的。谷歌表单 API 提供了一个与谷歌表单交互的干净界面。

②数据分析

收集应用程序权限数据后，一个推荐矩阵将被创建。购物车分析用于创建此矩阵。在这种方法中，应用程序所属类别的最小权限集与应用程序所需的总权限之间的相似性和差异将用于识别基本权限和非基本权限。

基本权限和非基本权限。在对应用程序进行分类后，权限分为基本权限和非基本权限。如果一个类别中的大多数应用程序都需要某功能权限，那么该权限就是基本权限，而其他权限是非基本权限。非基本权限并不总是用于恶意活动。例如，应用程序可能会使用SMS访问权限进行自动OTP验证，即使该类别中的大多数应用程序可能不需要自动OTP验证，因此它们可能不需要SMS数据。然而，我们将短信访问视为该类别的非基本权限，因为应用程序开发人员可能会将我们所有的短信搜集到他们的数据库中，以执行用户行为分析。

③权限建议矩阵的编制

属于特定类别的应用程序应仅请求该类别中大多数应用程序所需的权限。该方案确保每个应用程序都有助于决定基本和非基本的权限。这些信息存储在一个二维矩阵中，称为权限建议矩阵，其中行表示应用程序，列表示权限。在该矩阵中，第 i 行和第 j 列中的数字1表示 i 应用程序需要 j 权限，数字0表示 i 应用程序不需要 j 权限。数字1出现在列中的次数表示该权限的重要性。这个数字以及均值和中位数的统计度量，有助于划分基本权限和非基本权限。分别使用均值和中位数进行的实验得出结论，均值在识别非基本权限方面有更好的效果。平均值小于用户定义阈值的权限被视为非基本权限。在这个框架中，这个值是0.5。

3.4.2 客户端

在客户端，SP-Enhancer用于确保隐私。每当客户端安装任何应用程序时，框架都会首先搜索服务器–应用程序–列表中的哈希值（应用程序ID）。相应的标签（恶意或良性）以及许可（如果是良性的）被发送到客户端。否则，该应用程序将被发送供审查。SP–Enhancer 框架包括 4 个组件：SP–Enhancer（安卓应用程序）、应用程序列表、内部例行程序（后台服务）和扰码器模块。SP–Enhancer 的数据流如图 3.3 所示。应用程序会创建并更新包含所有已安装应用程序的客户端应用程序列表文件。内部例行程序与服务器同步工作，并使用适当的应用程序权限更新其应用程序列表文件。扰码器则根据应用程序存储在其应用程序列表中的权限对数据进行扰码。

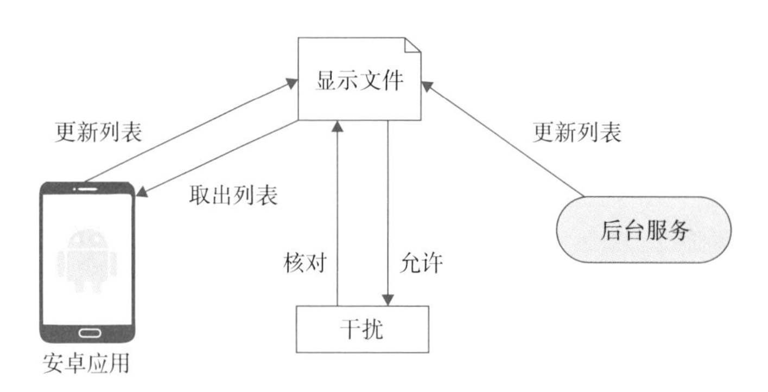

图 3.3　SP–Enhancer 组件之间的数据流

（1）推荐应用程序

推荐应用程序可以帮助用户决定哪些权限是正常运行所必需的。当用户安装任何应用程序时，该操作都会自动启动，触发推荐。

在接收方，我们提取安装包名，并检查谷歌表单 API 以获得应授予的权限。触发“活动–打开”事件并打开“推荐人”活动，该活动从推荐矩阵中获取数据。目前，有 3 种可能的情况。

如果应用程序信息存储在推荐矩阵中，则会向用户显示相应的基本权限和非基本权限。

如果应用程序未请求任何权限（应用程序对应的行中都有0），框架将显示应用程序可以安全使用。

如果应用程序信息不在数据库中，则会对其类别进行检查，并告知用户基本权限。

（2）应用程序列表

应用程序列表文件包含应用程序的UID、包名、发送数据的权限以及APK的哈希值。当任何应用程序通过互联网发起数据传输时，都会先检查应用程序列表的权限。如果许可被授予，则构建数据包并进行数据传输；否则，原始数据会被置乱，然后放入数据包中进行通信。应用程序的哈希值用于在服务器上检查其分析结果。

应用程序列表文件位于应用程序的内部目录中。在安卓系统中，所有应用程序都在自己的进程空间中运行，以保护其数据免受未经授权的访问。但是，有些应用程序可以访问它。因此，为了防止未经授权访问应用程序列表的情况发生，需要执行轻量级加密。创建列表时，将使用通过对SP-Enhancer的UID执行XOR操作生成的密钥和随机数值（在运行时生成）对其进行加密。随机数值和列表将保存在SP-Enhancer应用程序的进程空间中，扰码器可以从那里访问它。驻留在应用程序目录中的副本将被加密，并且只能使用反向过程进行解密。

（3）内部例行程序

内部例行程序负责客户端和服务器之间的通信。每当智能手机上安装新应用程序或现有应用程序时，内部例行程序将计算新应用程序的哈希值，并将其发送到服务器进行分析和更新应用程序列表。分析完成后，它会根据服务器的信息进一步更新应用程序列表。

扰码器：该核心组件的任务是以虚假格式传输非重要数据。如前所述，安卓是基于 Linux 内核的，它位于安卓操作系统堆栈的最底层。与 Linux 一样，所有进程都是“init”进程的后代，这是启动时第一个被调用的进程。所有的进程都被“init”进程直接或间接调用，包括 Zygote 进程。当 Zygote 进程启动时，它初始化虚拟机，完成库的加载，并初始化操作（Hu & Zhao, 2014）。每当 Zygote 获取一个新的应用程序进程时，就会将一个虚拟机实例复制到新的应用程序进程中，并将一个新的不同虚拟机实例分配给该应用程序。

在 Linux 内核中，每个应用程序都分配了唯一的一个 UID、PID 和 GID。权限分配给特定的 UID，而不是应用程序。当同一应用程序的两个或多个活动具有多个进程时，它们的 PID 和 GID 不同，但 UID 保持不变，因为它们在同一进程空间中执行，并且属于同一应用程序。

内核空间的结构使得每个进程都被分配了一个 *task_struct* 数据结构，如图 3.4 所示，它存储了有关进程的信息，例如进程的名称、PID、UID、GID、权限等。当前运行的应用程序进程可以在内核空间中使用此结构，并使用名称“current”进行访问。这个访问至关重要。它有助于找到通过网络传输数据的进程功能。所有应用程序都使用 TCP 或 UDP 进行数据传输，因此，数据应该在传输层进行加扰。扰码器使用当前指针获取进程的 PID 和 UID。一旦检索到 UID，它就会扫描应用程序列表以获取应用程序的权限。应用程序列表文件中的权限标志会控制加扰过程。如果权限标志

```
struct task_struct{
...
...
/* 任务状态 */;
pid_tpid
pid_ttigid
...
/* 进程凭证 */
ehar comm[TASK_COMM_LEN]; /* 可执行文件名 */
...
...
};
```

图 3.4 结构任务

为数字 0，则发送数据时不会进行篡改。但是，如果标志是数字 1 或应用程序 UID 搜索没有给出任何结果，则传输加扰数据。所有的数据置乱都应该在校验和计算之前完成，否则，安卓结构将不会发送修改后的数据。序列图显示了 SP-Enhancer 框架不同组件之间的通信，如图 3.5 所示。

在数据传输过程中，系统的效能至关重要，因此，扰码器只扰码 10% 的数据。

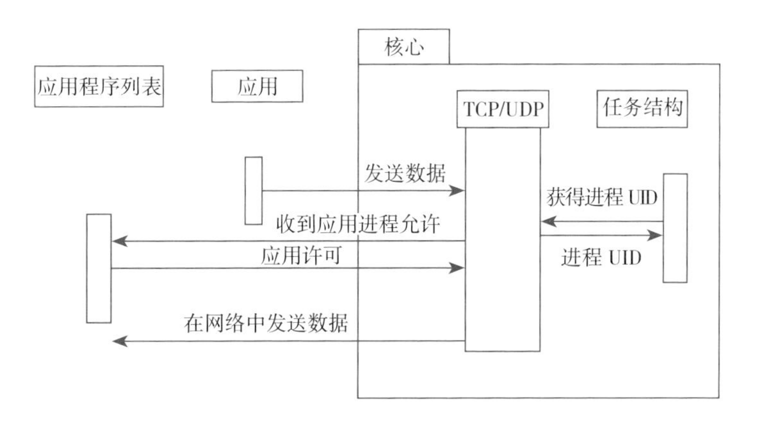

图 3.5 SP-Enhancer 框架的序列图

3.5 结论

安卓系统是智能手机、智能手表和智能电视等许多智能设备上最流行的操作系统。它庞大的应用程序有各种安全机制，但它无法提供防止恶意应用程序窃取数据的保护。本章讨论了一种新的、有效的保护敏感数据免受未经授权访问的框架。由于该框架不需要任何加密技术来保护数据，因此在所需的计算数量方面具有优势。

该框架使用自学习系统来检测恶意应用程序并保护用户的智能手机数据。SP-Enhancer 根据应用程序列表信息以加扰的形式发送用户的敏感数据（包括多媒体和文本）。这个框架既适用于有技术意识的人，也适用于没有技术意识的人。

参考文献

Backes M, Sven B, Sebastian G, Philipp V S R, 2014. Android Security Framework: Extensible Multi- Layered Access Control on Android［C］. In Proceedings of the 30th Annual Computer Security Applications Conference, 46–55.ACM, New York, NY, USA.

Bashir T, Imran U, Shahnawaz K, Junaid U R, 2017. Intelligent reorganized discrete cosine transform for reduced reference image quality assessment［J］. Turkish Journal of Electrical Engineering & Computer Sciences 25（4）: 2660–2673.

Bugiel S, Stephan H, Ahmad- Reza S, 2013. Flexible and Fine-GrainedMandatory Access Control on Android for Diverse Security and Privacy Policies［C］. In Proceedings of the 22nd USENIX Conference on Security, 131–46. USENIXAssociation, Washington, DC.

Enck W, Peter G, Seungyeop H, Vasant T, Byung G C, Landon P C, Jaeyeon J, Patrick M, Anmol N S, 2014. TaintDroid: An Information-Flow Tracking System for Realtime Privacy Monitoring on Smartphones［J］. ACM Transactions on Computer Systems 32（2）: 1–29. doi.org/10.1145/2619091.

Fawaz K, Kang G S, 2014. Location Privacy Protection for Smartphone Users［C］. In Proceedings of the 2014 ACM SIGSAC Conference on Computer and CommunicationsSecurity, 239–250. ACM, New York, NY, USA.

Hu W, and Yanli Z, 2014. Analysis on Process Code Schedule of Android DalvikVirtual Machine［J］. International Journal of Hybrid IDC, 2020. www.idc.com/promo/smartphone-market-share/os.

IMPACT, 2018. Sand Droid Is An Automatic Android Application Analysis System［C］. In Information Marketplace for Policy and Analysis of Cyber-Risk &

Trust（IMPACT）, commons.stage.datacite.org/doi.org/10.23721/100/17388.

Jing Y, Ziming Z, Gail- Joon A, Hongxin H, 2014. Morpheus: AutomaticallyGenerating Heuristics to Detect Android Emulators［C］. In Proceedings of the 30th Annual Computer Security Applications Conference, 216–225. ACM, New York, NY, USA.

Karim M Y, Huzefa K, Massimiliano D P, 2016. Mining Android Apps to Recommend Permissions［C］. In 2016 IEEE 23rd International Conference on Software Analysis, Evolution, and Reengineering（SANER）, 427–37. Institute of Electrical and Electronics Engineers（IEEE）. doi.org/10.1109/saner.2016.74.

Khan S, Thirunavukkarasu K, 2019. Indexing issues in spatial big data management［C］. In International Conference on Advances in Engineering Science Management & Technology（ICAESMT）-2019, Uttaranchal University, Dehradun, India.

Maier D, Mykola P, Tilo M, 2015. A Game of Droid and Mouse: The Threat of Split- Personality Malware on Android［J］. Computers and Security 54（October）: 2– 15. doi.org/ 10.1016/ j.cose.2015.05.001.

Ongtang M, Stephen M, William E, Patrick M, 2012.Semantically Rich Application-Centric Security in Android［J］. Security and Communication Networks 5（6）: 658– 73. doi.org/ 10.1002/ sec.360.

Petsas T, Giannis V, Elias A, Michalis P, Sotiris I, 2014. Rage Against the Virtual Machine: Hindering Dynamic Analysis of Android Malware［C］. In Proceedings of the Seventh European Workshop on System Security - EuroSec’14, 1–6. ACM Press, New York, New York, USA.

Schwartz, E J, Thanassis A, David B, 2010. All You Ever Wanted to Know about Dynamic Taint Analysis and Forward Symbolic Execution（but Might Have Been Afraid to Ask）［C］. In Proceedings - IEEE Symposium on Security and Privacy,317– 31. doi.org/ 10.1109/ SP.2010.26.

Singh S K, Bharavi M, Poonam G, 2015. A Privacy Enhanced Security Framework for Android Users［C］. In 2015 5th International Conference on IT Convergence and Security, ICITCS 2015 - Proceedings. Institute of Electrical and Electronics Engineers Inc. doi.org/ 10.1109/ ICITCS.2015.7292926.

Vidas T, Nicolas C, 2014. Evading Android Runtime Analysis via Sandbox Detection［C］. In ASIA CCS 2014 - Proceedings of the 9th ACM Symposium on Information, Computer and Communications Security, 447– 58. Association for Computing Machinery, Inc, New York, NY, USA. doi.org/ 10.1145/ 2590296.2590325.

Yuksel A S, Abdul H Z, Muhammed A A, 2014. A Comprehensive Analysis of Android Security and Proposed Solutions［J］. Computer Network and Information Security 12: 9– 20.

Zhou Y, Xinwen Z, Xuxian J, Vincent W F, 2011. Taming Information-Stealing Smartphone Applications（on Android）［C］. In Lecture Notes in Computer Science（Including Subseries Lecture Notes in Artificial Intelligence and Lecture Notes in Bioinformatics）, 6740 LNCS: 93– 107. Springer Verlag, Berlin, Heidelberg. doi.org/10.1007/ 978-3-642-21599-5_ 7.

第 4 章 物联网和云计算中的机器学习和深度学习技术

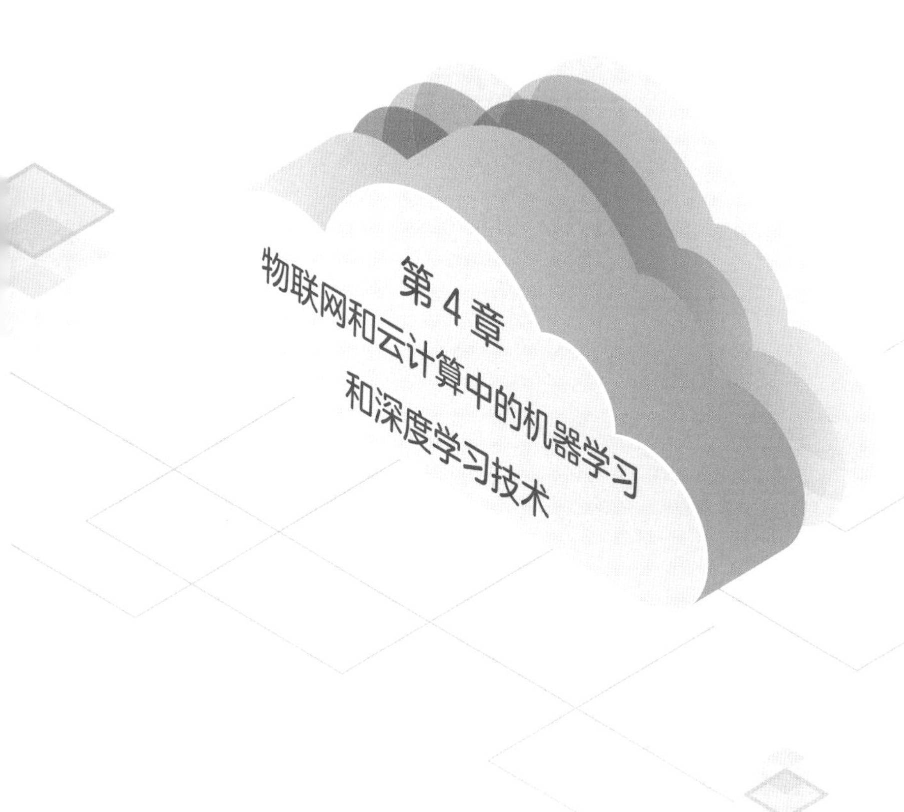

T. 杰尼士（T. Genish），S. 维亚雅拉克什米（S. Vijayalakshmi）

4.1 引言

软件行业和通信技术的快速发展支持了连接到互联网的传感器设备的发展。它们从物理世界收集数据，并用于决策支持系统、数据检索系统等。在过去10年中，复杂的任务从这里开始，由特定的应用程序完成，并基于移动设备、执行器和传感器等组件。如今，每一个电子设备都连接到互联网，这导致了物联网新时代的发展。从物联网收集的数据被分析成有意义的信息。它为人工智能、深度学习和机器学习等新技术铺平了道路。

部署物联网时，网络攻击是主要挑战。这些攻击分为主动攻击和被动攻击两类。在主动攻击中，攻击者会获得未经授权的访问权限，并能够通过删除、加密或破坏数据来修改数据。就被动攻击而言，攻击者可以访问网络监视器或窃取敏感信息，但信息不会被改变。K–最近邻（KNN）、主成分分析（PCA）、支持向量机（SVM）是常用的基于机器学习和深度学习的方法，用于避免网络入侵和网络异常。

近年来，医疗系统开始通过信息技术网络提供智能和准确的信息，从而加快诊断和治疗速度（Greco et al，2020）。该系统管理数据，为监测患者的健康状况提供了便利，并在医院、行政办公室、家庭等各种环境中推动医疗自动化。它逐渐降低了患者就诊的成本（Akmandor & Jha，2017）。随着这项技术的发展，医疗传感器嵌入了强大的硬件设备，以创建一个无处不在的医疗网络，即“医疗物联网”。医疗物联网改变了医疗保健方式，到 2020 年年底，医疗物联网中的医疗保健和可穿戴设备的数量约达到 1.62 亿（Akmandor & Jha，2017）。

从嵌入式传感器、可穿戴设备和移动设备获取的数据有助于获取描述用户日常信息的信息。然后使用人工智能、机器学习和深度学习等最新方法收集和处理信息，以观察不利条件。传统上用于大数据分析的云提供了更好的可靠性和性能，以支持物联网应用（He, Yan & Xu，2014）。在医疗物联网中，患者是最终用户，如果他们有特殊的时间需求，则需要高度的稳健性。在这种情况下，与网络断开连接或延迟会产生负面影响，并可能产生致命后果（Tang et al，2019）。雾计算、边缘计算负责处理医疗系统中的远程监控解决方案。雾节点将信息中继到本地服务器，该服务器负责收集数据，并对数据进行处理以给出快速响应（Satyanarayanan，2017）。物联网的先进技术利用了软件平台和网络架构领域，带来了更智能的解决方案。这些解决方案针对不同层次的医疗保健，如儿童和老年人护理、疾病监测、流行病监测和健身管理。多层架构参与了寻找医疗物联网相关解决方案的过程，如图 4.1 所示。

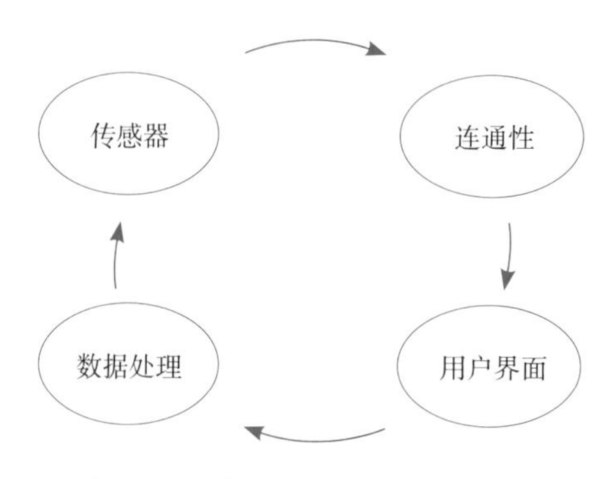

图 4.1　医疗物联网系统的组成部分

在边缘计算领域，智能手表、智能手机和嵌入式系统等设备对使用无线身体传感器网络收集的数据执行预处理和低级操作。在雾级别，服务器从传感器设备收集数据，以支持本地进程和（或）存储。高级计算任务和数据存储在云级别执行。物联网所需的数据用于向用户展示有用的服务或接口，或用于改进物联网框架。从这个角度来看，物联网系统应该足够大，可以从各种资源中访问原始格式的数据，并对其进行处理或分析，将其转化为知识。尽管物联网是来自不同资源的新数据的来源，但数据科学也为物联网的强大和稳健做出了显著贡献。

人口爆炸式增长给医疗保健带来了许多挑战，并导致医疗资源匮乏。因此，基于物联网的医疗服务应运而生，它以极低的成本提供足够的用户体验，从而提高患者的就医质量。医疗物联网的重要功能是为慢性病患者和老年人提供医疗资源和高效、一致的连接。物联网由智能功能传感器、远程服务器和网络组成，将智能医疗环境引入医疗服务。

医疗系统中连接计算机网络的一系列应用程序和工具被称为医疗物联网。它使用各种工具自动监测患者的健康状况。这些工具还可以管理实时信息并降低总体成本。

在农业领域，最重要的物联网技术是图像分析。它用于识别或分类已输入图像中的异常检测。机器学习和人工智能技术在自动化种植、精准种植、环境预测等方面影响着智能农业。在智能农业应用中，传感器产生的数据量很大，并分为结构化、半结构化和非结构化数据。

信息革命使得快速管理大量数据变得非常重要。数字环境产生了大量多样且不稳定的数据，因为世界各地都有大量的物联网设备和物联网传感器（Alahakoon, Nawaratne & Xu，2020）。如今，在智能城市的发展中，机器学习的应用越来越广泛。智能城市模型是运用机器学习技术提出的（Habiazdeh et al，2019）。智能城市基础设施分为应用、通信、传感、数据平面和安全。在该模型中，研究了两个组成部分：①集中和分布式基础设施的部署；②机器学习、深度学习、数据分析和数据可视化等模式的应用，以部署智能城市软件。

深度学习和机器学习算法用于智能农业的各种应用。深度学习提供了处理复杂问题的有效解决方案，如图像识别、检测对象、图像分类和提取（Mohammadi et al，2018）。深度学习的概念也适用于多种功能，如自动农业预测和检测。

物联网技术应用于各种现实生活中。其中，农业物联网为全世界人民带来了福祉。郭等人使用移动人群感知和计算分析了智能城市（Guo et al, 2015）。该模型讨论了人群感知、机器智能和人类智能的集成等方面。该方法在人与机器之间形成一种协作操作，其中人类监督机器的感知和计算能力，机器处理原始数据并执行决策过程。

谢卡尔等开发了一个全自动智能灌溉系统（Mehra，2018）。在该模型中，传感器用于采集土壤温度和湿度数据，K- 最近邻分类算法用于获取传感器数据，以便预测土壤水分灌溉。梅赫拉等开发了基于物联网的水培框架（Mehra et al，2018）。这种方法在水培环境中提供了各种对输入参数的控制，如温度、光照、湿度和 pH，无须人工干预。在卷积网络的帮助下，斯拉德约维奇等开发了一个用于叶片分类和植物疾病识别的框架（Sladojevic et al，2016）。该方法可以识别 13 种不同类型的植物病害。为了建立一个数据库，迈尔斯从互联网上收集了 3000 张图片，使用深度学习和无线传感器网络设计了预测适当产量的智能农业（Miles，2020）。该方法改进了田间灌溉结构，并可以对田间进行连续监测。土壤参数（如湿度、温度和其他必要数据）的收集用于现场监测。无线传感器网络从传感器获取信息，并通过上传云信息完成分析。

佩约维奇提出了实施面向移动电话的平台的建议，这些平台从互联网和传感器等各种来源收集数据，以实现预测未来结果的机器学习技术（Pejovic，2015）。最近的一项研究揭示了物联网和数据分析的发展（Siow et al，2018），该模型研究了领域、目标、资源和框架等参数。

为了解决交通问题，支持向量机（SVR）算法用于预测典型和非典型情况下的交通流（Castro Neto et al，2009）。该算法采用深度学习方法从数据中提取问题的特征。由于支持向量机算法占用大量内存资源，因此该方法被应用于支持向量机。在视频序列中，跟踪的目的是定位目标，并给出目标出现的第一帧的位置。这常用于监控系统。自动跟踪可疑车辆是治安监控和城市交通流量管理应用中的一项重要任务。李等人提出了一种鲁棒跟踪算法，该算法使用目标对象的特征表示（Li et al，2016）。端到端目标跟踪机制用于将原始传感器输入映射到目标轨迹。

拉图尔等人提出了一种基于图形技术生成的智能交通系统（Rathore et al，2015）。它使用传感器获取总体交通信息，并使用车辆网络收集有关车辆速度和位置的数据。这种基于物联网的模式会产生大量数据，即大数据。为了管理大数据，该系统使用并行处理服务器实现了一个名为Giraph的工具。为了代表真实的城市交通，该系统从各种资源中收集车辆数据集，并用于分析和评估。这种基于图形技术的性能是根据效率计算的，特别是系统吞吐量和处理时间。

医疗物联网是医疗急救和其他医疗系统的有效解决方案之一。它监测患有帕金森病和糖尿病等严重疾病的患者。它在急诊医疗中的应用也得到了认可，但还没有广泛的研究基础。自动化医疗监测系统不仅应提供快速数据访问，还应提供可靠数据，以便医疗服务提供商准确预测人们的健康问题。为了应对这一挑战，杰亚拉吉和纳达尔利用深度学习技术开发了一个电子医疗系统（Jeyaraj & Nadar，2019）。该方法的核心是使用智能传感器进行信号测量。为了衡量该系统的性能，研究人员计算了生理信号预测精度。

常等开发了一种监测糖尿病患者血糖水平的系统（Chang et al，2016）。这种方法要求糖尿病患者每隔一段时间手动读取血糖读数。然后，系统会分析两种类型的数据异常。一类是血糖水平异常，另一类是血糖读数缺失。然后，系统会分析病人的异常状况，然后向病人、护理人员、家庭成员和医疗保健提供者（如医生）发送通知。该系统是一种有效的糖尿病患者健康状况监测系统。

沃尔加斯特等人开发了一种使用心电图传感器和定制天线监测心脏病的方法（Wolgast et al，2016）。心电图传感器收集有关心脏活动的信息，然后由微控制器处理。收集的信息通过蓝牙传输到用户的智能手机，在那里，心电图数据被处理并显示在用户应用程序中。该系统需要升级以测量患者的呼吸频率，从而进一步帮助人们预测心脏病发作时间。其他研究人员提出了另一种使用可穿戴、基于视觉的传感器监测人类活动和健康的方法（Zhu，2015）。这种方法可以让老年人和慢性病患者舒适地生活在家中，并监测他们的健康状况。如果出现任何健康问题，医生和看护人员将进行干预。人们正在对该方法进行改进、完善，以实现用机器学习技术来判断患者的健康情况。

4.2 物联网的基本概念

4.2.1 物联网的工作机制

物联网是一个创建设备网络的过程。这些设备已经嵌入了软件、电子、网络和传感器等组件。嵌入式系统允许对象收集和交换数据。物联网让人们的生活更加智能。物联网的意义在于，它不但是物理设备，而且可以在人身上配置芯片来监测他体内的血糖水平，或者给动物插入跟踪设备。整个物联网系统的功能基于以下 4 个主要组件。物联网系统的组件如前文中的图 4.1 所示。

- 传感器
- 连通性
- 数据处理
- 用户界面

（1）传感器和设备

物联网系统的第一个组成部分是传感器，它有助于从物理环境中收集准确、精细的数据。收集到的数据可能很复杂，从简单的位置信息到视频信息。用于温度、光线和其他电磁光谱测量的传感器是根据要求使用的。例如，可穿戴设备和智能手机都嵌入了传感器，尤其是陀螺仪和加速计。从传感器中收集的数据用于各种应用，如人类活动的识别、判断患者病情的稳定性、停车位的可用性等。传感器是根据所需参数和精度选择的。这些参数可能是收集数据的准确性和可靠性。

（2）连通性

收集的数据需要发送到云基础设施。传感器通过卫星网络、蓝牙设备、蜂窝网络、局域网、广域网等传输和通信媒体与云连接。人们可根据数据的预期用途选择适当的网络基础设施。功耗、带宽和可用规格范围之间需要权衡。明智地为物联网系统选择合适的连接模式非常重要。

（3）数据处理

物联网的数据处理遵循 3 个步骤。这些步骤包括：获取输入、处理输入数据以及为每个输入生成输出。

输入：显然，任何数据处理都需要输入。收集的数据可以是任何形式，例如：文本、数值、图像、二维码，有时甚至是音频或视频。在处理数据之前，必须将所有输入读数转换为机器可理解的格式。

处理：在输入之后，实际处理输入数据。为了将原始输入数据转换为有意义的信息，这一阶段应用了排序、分类、聚类等多种技术。

输出：为信息提供可读形式。虽然有意义的信息是在处理阶段生成的，但在输出阶段之前，它应该被破译成人类可读的形式。例如，渲染输出可以是文本、表格、图形、数字、音频或视频格式。随后，输出被存储为数据以供处理或存储以供将来参考。存储输出数据是一个重要的过程，因为当前数据和历史信息之间的比较有助于系统更好地运行。

（4）用户界面

接收到的输出需要最终与用户共享，以便激活他们电子设备中的警报软件，将通知发送到他们的电子邮件或向他们的手机发送短信。最终用户可能还需要一个接口，以便主动检查其物联网系统。例如，如果用户在家中安装了摄像头，他需要从 Web 服务器访问视频片段和任何相关信息。用户可能能够根据物联网系统的应用情况并根据其复杂性采取行动。例如，用户希望检测空调温度的任何变化，以便可以使用移动电话调整该温度。

4.2.2 物联网的重要性

由于物联网的出现，人们可以更舒适地生活，更高效地工作，并高效控制他们的家庭和商业生活。物联网不仅为家庭自动化提供智能设备，还为企业提供优化的解决方案（Zhao et al，2020）。物联网为大多数应用提供了一致的结果，在这些应用中，机器增强了人力资源的配置效率。它使从事业务的人能够有效地对其各种系统的运行进行建模。

物联网帮助行业实现流程自动化，并将劳动力成本降至最低。它还减少了人工劳动，提高了服务质量，降低了制造和交付货物的成本。它还提高了客户交易的透明度。物联网是我们日常生活中不可避免的一种技术应用，商业世界也越来越意识到它的潜力。

4.2.3 物联网的应用

物联网存在于家庭生活的各个领域，存在于各种组织、企业、政府项目等。本节介绍了物联网在各种应用中的一些重要方面。

（1）智能家居

智能家居是物联网的一个非常有用的应用，世界上许多人都在享受它。该应用将我们生活的便利性和安全性提升到了一个新的水平。尽管物联网为智能家居的应用提供了许多优势，但其最好的应用之一是在娱乐和其他公用事业系统中。例如，一个嵌入电表的物联网系统、一个测量用水量的仪表、一个可以选择节目的机顶盒，以及监控系统、安全系统、照明系统等。随着物联网技术的出现，设备将更加智能，从而实现更高水平的家庭安全。

（2）运输

在交通系统的每一层，物联网都带来了通信、控制和分配方面的改进（图 4.2）。私人和政府组织的人们已经开始将物联网技术应用于解决交通问题。交通领域是工业物联网的第二大投资领域。移动和通信技术的进步使物联网变得更加智能。电子设备在监控操作以提高安全性和效率方面起着主导作用。

作为一家受欢迎的物联网解决方案公司，Biz4Intellia 列出了物联网支持交通行业的 5 种方式。

- 车队管理：提高组织的成本效益是一个重要的管理目标。随着维护成本、运行效率、燃油消耗等方面的发展，这项技术正在逐渐发展。除此之外，车队管理还提供了一些关键功能，如位置跟踪、定制仪表盘、地理围栏等。

图 4.2　交通行业中的物联网机制

- 公共交通管理：通过物联网实现对车辆的实时跟踪，跟踪数据会被传输到控制工程师那里或高度集中的系统中，然后转发到互联网连接设备。

- 智能库存管理：用于实时提供有关仓储、生产和配送的信息。然后利用整理的信息管理库存中的货物消耗并改进预测性维护。从物联网传感器收集的准确数据有助于建立健全的库存管理系统。

- 最佳资产利用率：用于管理物理资产，包括其位置、状态等。传感器还可以获得有关资产的准确纬度和经度的信息。传感器还会提供有关设备阈值属性的信息。

- 地理围栏：这是一种利用全球定位系统进行的开发，利用其地理区域的地图参考查找资产或设备的当前位置。利用这项技术，当驾驶员偏离实际路线时，会向其发送警报，从而避免发生事故。

（3）农业

农业领域在技术方面发生了各种变化。“智能农业”一词已经出现，指的是物联网在农业中的应用。

物联网有助于监测和管理微气候条件，从而提高室内种植作物的生产力。就户外种植而言，物联网有助于感知土壤和养分的水分水平。它还通过告知农民达到最佳效果所需的肥料和农药的数量，来帮助农民做出与种植相关的决定。物联网在智能农业中的应用如图 4.3 所示。

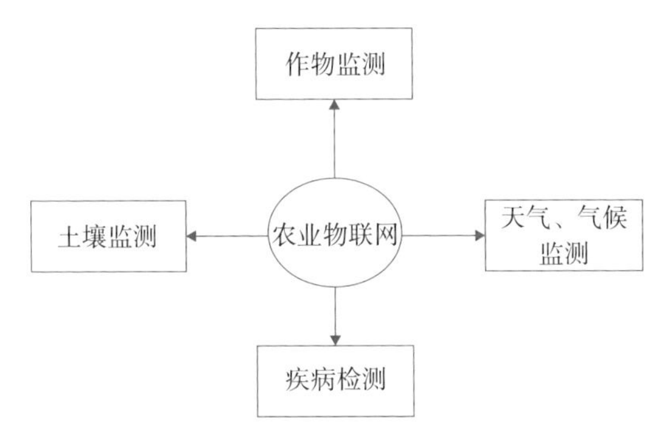

图 4.3　物联网在智能农业中的应用

（4）医疗保健

物联网在医疗领域的应用进展缓慢。根据 2020 年进行的研究，40% 的物联网设备已用于医疗行业。物联网设备可以实时监控患者的情况，并在突发心脏病、呼吸系统问题、糖尿病问题等医疗紧急情况下挽救生命。连接到物联网平台的设备收集和传输患者的健康相关信息，如血压、体重、血液中的氧气和糖分水平。收集的数据存储在云架构中，并与医生、顾问或任何授权人员共享（图 4.4）。在下一代医疗移动技术的帮助下，患者护理将逐步实现自动化。通过部署物联网，医疗差错将显著减少。

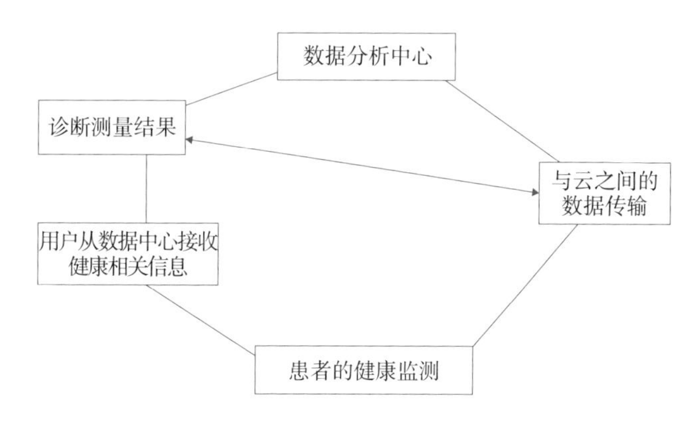

图 4.4　医疗系统中的物联网处理

4.2.4　关于物联网使用的思考

（1）优势

物联网传感器使我们的日常生活在商业、医疗保健、农业等领域变得更加简单和智能。如今，物联网技术因其带来的优势而广受欢迎。这里列出了物联网最重要的一些优点。

收集信息：人们从世界任何地方都可以通过物联网轻松访问实时数据。用户可以处理数据，即使他们不在现场。

节省时间：智能设备有助于保留大量记录，而手动创建所有记录既耗时又耗力。

易于通信：在物联网技术中，通信设备提供透明、准确的数据传输。机器对机器的通信被有效地执行，可以更快地获得结果。

自动化：由于任务是自动化的，因此物联网可以在减少人为干预的情况下为行业提供高质量的服务。

（2）缺点

尽管物联网提供的服务更智能、更准确，但它也有一些缺点或局限性，如下所示。

安全威胁：由于物联网与各种网络相互连接，它为黑客实施网络攻击创造了一条途径。

兼容性：当连接不同制造商的设备时，物联网中会出现兼容性问题。目前尚没有关于设备兼容性的国际标准。

复杂性：物联网是各种复杂网络的集合。软件或硬件组件的故障或失效可能会导致严重后果。电源故障也可能导致许多问题。

技术控制人类生活：由于人类生活在技术的控制之下，我们将完全依赖它。即使是一些小事情，我们也可能会对设备或机器产生依赖。

4.3 云计算

云计算是一种技术，大型和小型组织都使用它在云环境中存储数据，并在任何时候随时随地访问数据。

云计算提供存储、软件、数据库和其他可通过互联网访问的平台等服务。

4.3.1 云计算的架构

云计算的架构是一种具有嵌入式组件的架构，可以在存储、数据共享、维护和灵活性方面为用户提供服务。亚马逊和奈飞等公司的云应用程序和服务可通过互联网或虚拟网络访问。随着云技术提供了大量存储空间，并结合了面向服务和事件驱动的方法，企业逐渐转向对云技术的开发与应用。云计算分为两类，即前端和后端。前端用于客户端，由访问云计算平台所需的接口和应用程序组成。后端类别针对服务提供商，由提供云计算服务所需的资源组成。资源可能包括存储空间、部署模型、决策策略、安全机制等。

4.3.2 云计算服务

以下是重要的云计算服务。

基础设施服务（IaaS）：提供对存储、服务器、连接等的访问。外部云提供商为业务管理提供虚拟化基础设施。提供商包括 Microsoft Azure、谷歌云平台、亚马逊 EC2 等。

平台服务（PaaS）：构建在基础设施服务之上。在这种环境中，云供应商提供硬件和软件基础设施组件（如操作系统和中间件）等资源。平台服务允许通过网页访问的云用户安装数据集、开发工具等。

软件服务（SaaS）：由基础设施服务和平台服务组成。软件套件由云服务提供商按使用付费提供。常见的提供商包括 Microsoft Office 365、Adobe Creative、Zoho、Salesforce、Oracle CRM 等。

4.3.3 云计算的类型

云计算分为公共云、私有云、混合云和社区云。

公共云由通过互联网向公众提供服务的第三方管理。它提供了将信息技术基础设施成本降至最低的解决方案。它可以帮助小企业在没有太多投资的情况下创业。公共云需要服务于多个用户，用户可能需要一个与其他用户隔离的虚拟计算平台。

在私有云环境中，用户可以动态调配资源。在这种类型的云中，云的使用是按比例收费，而不是公共云中采取的按使用付费模式。使用私有云的主要优点是：保护客户信息、有确保服务级别协议的基础设施、符合标准程序。

混合云是公共云系统和私有云系统的组合，分布不均匀。混合云也被称为异质云。它无法按需扩展以有效应对峰值负载。这被认为是混合云的一个主要缺点，但它同时具有公共云和私有云的优点。

社区云是一个分布式系统，它集成了不同的云环境，以满足行业、社区或企业的需求。使用这些云的社区包括媒体、医疗保健、科学研究和能源行业。

4.4 物联网与云计算

全球对物联网的需求正在快速增长，各种物联网应用被用于许多商业模式。未来的技术主要基于物联网和云计算，每种模式都提供了另一个平台。物联网和云计算的优势将在下文中讨论。

4.4.1 使用物联网和云计算的好处

设备数据的可扩展性：云计算和物联网最重要的优势是可扩展性。为了满足数据分析的需要，基于云计算的解决方案可以纵向和横向扩展。例如，必要时可以增加服务器容量以承载更多应用程序。此外，物联网云平台为应对存储限制提供了更大的灵活性。

数据移动：由于数据是在云环境中存储和处理的，因此从任何位置访问数据都很容易。数据将不受任何基础设施或网络组件的限制。物联网云平台可以为公司提供管理、供应和更新设备及传感器的工具。

时效性：物联网云平台在更短的时间内提供解决方案，并提供技术支持以实现低实施成本。从商业角度来看，升级公司网络结构是有利可图的（Kahn et al，2020）。

安全性：这是全世界所有组织面临的重大挑战。如果基础设施发生任何冲突，物联网云将承担责任。一些公司可能会对将控制权交给第三方感到不安。因此，维持良好的安全政策是各组织的责任。

成本效益：硬件和技术人员的维护成本等问题一直备受关注。基于使用情况的支付方案将鼓励组织转向物联网云场景。

4.4.2　云计算和物联网的重要性

科技日新月异，我们周围的事物相互联系。由于灵活性和可扩展性，物联网云集成在行业中创造了一场革命。物联网系统收集存储在云环境中的数据，并执行智能决策。云是数据聚合和从数据中获取见解的重要工具。物联网和云技术是相辅相成的。这两种技术都被用来提高效率。物联网从传感器中生成大量数据，而云创造了一种处理这些巨大数据的方式。物联网和云已经为数据存储和数据访问解决方案构建了集成。云提供解决方案并提供可扩展性，同时通过专用互联网通道访问远程数据。云技术使得解决物联网驱动的业务需求成为可能。在许多方面，云环境无疑是物联网成功的关键。

4.4.3 物联网和云计算如何扩展

为云技术生成的数据正日益增加。大数据是处理和分析数据的新方法（Kahn et al，2019b）。将大数据概念应用于物联网的好处在于，它们为商业组织提供了可扩展且可靠的解决方案。组织不再生成原始数据并将其发送到云端进行分析，而是出现了一种新的数据存储和数据分析方法，称为雾和边缘计算。它是一个将数据移动到本地网关（如路由器或交换机）的系统。然后，该边缘设备会执行所需的过程，并将决策返回给物联网设备。

4.5 物联网和云计算中的机器学习和深度学习

越来越多的物联网设备相互连接和通信，每天产生大量数据。物联网设备也在许多应用程序中编程，以根据预定义条件或收集的数据反馈执行任务。在这种情况下，需要人为干预来分析数据并从原始数据中提取知识，以创建智能应用程序。这些人必须能够根据被称为认知物联网的环境做出决定。

机器学习是人工智能系统的一部分。计算机系统借助机器学习完成聚类、分类、识别、预测等任务。该系统经过培训，可以使用统计模型和分析样本数据来完成学习过程。样本数据以某些特征为特征，机器学习技术可以发现特征和输出值之间的任何关联，称为标签（Al-Dweik et al，2017）。机器学习算法可以分为 4 种类型。

监督学习：这是一个涉及回归的问题，比如预测天气、应用随机森林（Random Forest）或线性回归等技术预测人口增长。除此之外，监督学习还解决了分类过程中出现的一些问题，如语音和数字识别和诊断。这些问题通过支持向量机算法的实现得以解决。训练阶段和测试阶段是监督学习的两个阶段。

无监督学习：这解决了用于特征提取和大数据可视化的降维过程中所涉及的问题。它还能处理客户细分、推荐系统和目标营销等问题。无监督学习算法可以在测试和聚类数据或预测特征值时识别模式。

半监督学习：它结合了监督和非监督学习方法的特点。半监督学习方法的工作原理类似于无监督学习，但有标签数据。

强化学习：在这种技术中，算法试图预测问题的输出值，其中包括调整参数。然后，计算出的输出成为输入值，并计算新的输出，直到找到优化的输出。强化学习算法基于人工智能的游戏和实时决策，应用于机器人导航。

4.5.1 深度学习概述

深度学习是模拟人脑功能的人工神经网络（ANN）的一部分。深度学习的应用包括自然语言处理、无人驾驶汽车等。在深度学习模型中，计算机从语音、文本和图片中学习想法，并将其分类。深度学习模型使用大量数据集进行训练，这些数据集在神经网络中被标记。大多数深度学习模型都利用了神经网络的结构。因此，深度学习模型被称为深度神经网络

（DNN）。由于人工神经网络随着时间的推移覆盖了许多层次，因此深度学习训练方法被表示为“深度”。深度学习方法使用信息处理算法并执行思考过程（Liakos et al，2018）。深度学习和机器学习方法用于改进物联网中的分析和学习。

4.5.2 K-最近邻（KNN）分类算法

这是一种非参数、有监督的学习范式，它使用训练集将数据分类到给定类别。在K-最近邻分类算法中，算法会在搜索K个最相似案例（邻居）的整个训练中集中预测一个新实例（x），并总结K个案例的输出变量。该值是分类中的模态类值。模态值的目的是使用数据库，其中数据点被划分为多个类别，用于新样本点的分类。K-最近邻分类算法的优点有：第一，易于实现；第二，它为小的训练数据集提供了快速计算；第三，它不需要关于数据结构的先验知识。K-最近邻分类算法的局限性首先是，如果训练集较大，算法会占用更多空间；其次，训练数据和测试数据之间的距离是计算出来的，因此测试需要大量时间。

4.5.3 智能交通中的机器学习和深度学习

智能交通是物联网研究的重要组成部分，因为它在我们的日常生活中占据着越来越多的空间。此外，因为智能交通建立和维护现代智慧城市的许多困难也得到了解决。随着物联网技术的应用，这些问题通过机器学习和深度学习技术得到解决。智能交通的类别包括路线优化、灯光、事故检测（预防）、停车和基础设施。

交通领域引入了最新的物联网技术，这使智能交通系统（ITS）得以产生。智能交通系统领域受到越来越多研究人员的关注，因为它有着巨大的发展潜力。智能交通系统中最重要的领域是路线导航（或路线优化）。通过使用来自用户手机的数据，或使用放置在道路上特定位置的设备，智能交通系统可以提供有关交通拥堵的数据，并提供优化的路线选择。它有助于缩短通勤时间，从而减少汽车尾气排放和能源消耗。物联网设备也用于建立智能停车系统。在摄像头或其他传感器（如磁场或红外传感器）的帮助下，研究人员开发了一个智能停车系统，该系统可以最大限度地提高停车位的可用性，缩短搜索时间，提出了一种新的系统来检测道路表面的异常。该系统基于从汽车传感器或驾驶员手机中接收的输入数据。机器对机器通信为创建车辆对车辆通信和车辆社交网络提供了机会。它令彼此之间的信息可以交换，并为开发新的应用程序创造了可能性。

表 4.1 说明了深度学习在智能交通应用中的重要性。

表 4.1　深度学习技术在智能交通中的应用

应用	模型	描述
交通流预测	DBN，SAE	深度体系结构中的深度置信网络（DBN）用于无监督的特征学习。堆叠式自动编码器（SAE）用于学习通用交通流特征
短期交通预测	LSTM	长短期记忆网络（LSTM）考虑二维网络中的时空相关性
人流预测	CNN	提高检测对象的速度和准确性
实时目标检测	RPN，YOLO，SSD	提高检测对象的速度和准确性
目标跟踪	RNN	静态和移动平台上的目标跟踪和分类
道路事故检测	SDAE	从时空体学习特征表示
自动驾驶汽车的端到端学习	CNN	将前向摄像头的原始像素映射到转向命令

续表

应用	模型	描述
从视频数据集学习驾驶	FCN-LSTM	从众包车辆行动数据中学习

深度学习在智能交通中的主要应用是交通流预测、交通监控和自动驾驶。

（1）交通流预测

交通模型及其管理面临的基本问题是交通流预测。系统从各种传感器中收集实时和历史数据，包括摄像头、众包等。一种流行的机器学习技术支持向量机被用来有效地利用这种异构数据。

（2）交通监控

自动交通监控系统的开发减少了人工操作，并可以向驾驶员发出危险警告。交通视频分析是交通监控体系结构的重要组成部分。深度学习技术在视频分析中的应用有 3 个方面：目标检测、目标跟踪和人脸识别。

目标检测应用于需要道路车辆检测、物体检测和行人检测的情况。卷积神经网络用于提高速度检测的准确性。目标跟踪旨在识别和定位视频序列中的目标。基于神经网络的人脸识别和检测方法被用于监控车辆驾驶员和行人的活动。

（3）自主驾驶

中介感知和行为反射是自主驾驶系统中的两种方法。在中介感知方法中，系统计算高维世界表征。它识别与驾驶员相关的对象，如交通标志、车道、汽车、行人等。从驾驶视频中训练自动驾驶系统，从驾驶视频中学习，并构建从感官输入到驾驶行为的直接地图。系统采用基于学习的方法训练 FCN-LSTM 预测连续驾驶行为。

4.5.4 智能城市中的机器学习和深度学习

智能城市的应用程序因需求而异。智能城市系统的标准运营架构由 5 个层面组成：一是应用程序，二是感应，三是通信，四是数据，五是安全。

（1）应用程序层面

这是智能城市及其用户之间的接口。应用程序的目的是通过控制资源滥用、促进任务自动化以及使用持续且无处不在的监控来提高安全和安保标准，从而减少管理开支。这一目标是通过在用户和数据层之间直接或间接地创建链接来实现的。应用层在交互性方面面临许多挑战。这些挑战来自用户和数据层之间的交互。

（2）感应层面

这包括各种传感器设备和执行器，用于计算物理信号（环境辐射）与物体（路灯）的交互。传统的无线传感器网络用于实现传感层。无线传感器网络有一些局限性，电池寿命（问题）仍然是一个重大挑战。这些限制可以通过使用太阳能和风能等自发电来解决（Habibzadeh et al，2017）。在传感层的实现中，用户与环境之间的持续交互意味着该层应具有灵活性和可扩展性。在许多情况下，无线固件更新等功能会导致额外的隐私和安全威胁（Arias et al，2015）。

（3）通信层面

从传感层收集的数据的预处理和聚合在通信层中完成。通信层的功能是支持高吞吐量、灵活性、低延迟和高度安全的通信。数据传输在节点模块请求时启动，将数据发送到云端。网关由专用感测模式下的特定应用程序的路由器使用，而用户的智能手机可以在非专用感测模式下充当网关。单跳和多跳系统的架构在拥塞、延迟、功耗等方面存在差异。数据聚合也是通信层提供的一种服务，它可以提高通信质量，并确保电池供电设备的最大寿命。预处理技术也被用于噪声抑制和数据提取，这有助于数据聚合，以消除早期阶段的重复数据（Page et al，2014）。

（4）数据层面

数据层涉及将获取的非相干数据转换为有意义的信息。它向其他层面提供两项服务：数据处理和数据存储。数据处理的功能包括处理 CPU 和 GPU 等硬件，执行各种算法。数据存储涉及原始数据和有意义信息的数据库的存储、收集和创建。数据存储对于智能城市建筑的各种应用至关重要，因为过去的数据趋势为新收集数据的真实评估提供了基础。因此，长期数据存储与新的高级数据库管理系统工具相关联。为了提供数据处理和数据存储等功能，数据平面集成了 3 种技术：数据分析、机器学习算法和数据可视化技术。

（5）安全层面

尽管物联网取得了许多突破，但它也面临着许多安全威胁。物联网领域网络攻击的增加，提高了人们对隐私和安全问题重要性的认识（Cabaj &

Mazurczyk，2016）。安全层应统一保护系统的所有组件，否则漏洞可能会严重影响整个系统。确保安全和隐私的问题在智能城市的各个结构层上各不相同。需要定制解决方案来提供设备级的安全性，以抵御软件和硬件攻击。智能城市的主要风险是欺骗、数据泄露和分布式拒绝服务（DDoS）攻击。椭圆曲线加密（ECC）和高级加密标准（AES）等传统加密方法对这些攻击具有良好的免疫力。除此之外，许多威胁和漏洞都基于物联网的特点。智能城市建筑的动态性和设备的移动性使得参与者的身份识别和认证更加复杂。表 4.2 给出了云和基于边缘的实现之间的比较以及它们在成本、备份和安全方面的优缺点。

表 4.2　使用云计算和基于边缘的 C 语言实现的方法比较

方法	体系结构	优点	缺点
云存储	基于无线网状网 SOS 框架 基于数据复制和缩减	可扩展性、普遍性、低成本、数据集中、易于部署、易于备份和恢复	基于带宽的性能、单一故障点、安全问题、对服务提供商的依赖、距离造成的延迟
边缘存储	基于 Fog 服务器 基于 Cloudlet 的 STACEE ACMES	高可扩展性、低成本、实时适用性、低延迟、避免服务器流量拥塞	缺乏高度安全的方法、边缘数据本地化

4.5.5　农业中的机器学习和深度学习

深度学习算法已被用于农业中的各种不同应用中，如计数、作物或植物分类等。深度学习技术还可用于解决复杂问题，如图像识别、自然语言处理、图像分类、目标检测和图像分割。本节将讨论智能农业系统中最常用的深度学习技术。

卷积神经网络（CNN）：卷积神经网络是用于图像分析的人工神经网络的集合。它由具有权重系数和偏差量的神经元组成。它接受 2D 输入数据，如图像或语音，并通过一系列隐藏层创建特征。卷积神经网络在农业部门用于检测作物和植物疾病。

递归神经网络（RNN）：这是一种由类神经元节点组成的网络。每个节点都与特定的农业目的相关。例如作物产量估算、天气预报、土壤覆盖分类、土壤水分估算等。

生成性对抗网络（GAN）：该模型用于使用训练数据集进行检查和解释。它是一个结合了两种神经网络的框架，即生成网络和判别网络。这些网络结合在一起产生了高质量的数据。

长短期记忆网络（LSTM）：在各种深度学习技术中，长短期记忆网络是最常见的技术，该技术可以处理单个信息点（如图像）和整个数据部分（如语音或视频）。该模型适用于时间序列数据的分类和预测。从智能农业的角度来看，它用于作物产量预测、作物分类和天气预报。此外，长短期记忆网络还可用于手写识别和语音识别。

为了在智能农业方面取得进展，人们需要使用物联网解决以下重要农业问题。表 4.3 给出了深度学习技术在农业中的应用情况。

表 4.3　智能农业的问题

问题	描述
灌溉中的问题	需要适当的水管理，应该智能地使用水管理系统
缺乏土壤知识	由于天气的影响，土壤的结构每天都在发生变化。因此，农民们面临着寻找作物生产土壤的问题
发现植物病害的问题	在适当的时间检测植物病害是必要的。需要对这类疾病进行自动检测
物流管理问题	基于位置的传感器提高了供应链解决方案的效率。它提高了透明度和客户理解

续表

问题	描述
营养缺乏的检测	物联网设备可以帮助人们评估土壤和植物的营养水平
硝酸盐含量检测	监测土壤、水、水果和蔬菜中的硝酸盐水平

4.5.6 医疗保健中的机器学习和深度学习

医疗系统中的物联网架构由硬件和软件组件组成。硬件包括温度传感器、心率传感器和血压传感器。这些传感器的处理分为不同的阶段：收集传感器值、将数据存储在云中以及进行数据分析以检查患者的异常状况。软件组件由软件模块（算法）组成，用于连接和操作硬件。它使用机器学习算法监测和分析患者的健康状况。分类器是一种从输入数据建立分类模型的系统方法。机器学习和深度学习算法，例如基于规则的分类器、自适应学习、支持向量机和朴素贝叶斯分类器，都是常用的技术。每种方法都使用一种学习算法来识别最适合属性集和输入数据的类标签的绑定的模型。每种学习算法的目标都是创建一个具有更好泛化能力的模型。

机器学习算法在基于物联网的医疗系统中实现了更高级别的准确性。在压力检测模型中，涉及4类：数据、特征提取、分类和评估。数据方面，车辆驾驶员的心电图信号已从生理信号数据库中收集。该数据集是皮卡德与希利的实验的一部分（Healey & Picard，2015）。实验数据来自17名司机。原始数据包括时间、肌电图（EMG）、呼吸、心电图、皮肤电反应（GSR）和间歇性心率（IHR）。所有这些数据都是从可穿戴传感器中收集的。收集数据集后，使用NetBeans Java完成特征提取。心电图信号的应激水平分为3类，分别为0级、1级和2级。0级代表低水平的应激；

2 级代表中度应激，3 级代表高度应激。支持向量机、朴素贝叶斯、逻辑回归、ZeroR、IB1、IBK、J48、随机树和随机森林等机器学习算法用于各种数据分类问题。算法会评估基于对汽车驾驶员的时间监控信息，以告知低或中度压力。如果压力程度较高，则建议驾驶员集中精力驾驶或休息。表 4.4 给出了基于物联网的医疗系统的局限性。

表 4.4　智能医疗系统的局限性

方法	贡献	限制
肢体控制和监测	在夜间帮助患者在胸部或肩部放置标签	有时传感器直接附着在脚踝上，造成行动不便
农村卫生保健控制与监测	在端到端延迟、能源消耗和系统吞吐量之间进行权衡，使系统适合于医疗系统	这种方法的授权和认证不清晰
心音分类	使沟通更顺畅	在失真的情况下，该方法不能保障准确性
压力检测	帮助人类理解其心理状态	实时机器学习技术需要快速响应，以便驱动程序能够了解健康状态
心脏健康监测	为医生提供准确的信息，提高疾病诊断效率	贴标过程复杂，耗时较长
乳腺癌的分类	为乳腺癌的检测提供更准确的数据，并降低计算成本	深度学习算法需要验证其精度

4.6　结论

计算机科学领域正在进行的创新日益增多。许多智能技术的引入使我们的日常生活更加轻松，尤其是物联网和人工智能技术的发展。这些技术几乎应用于所有领域，例如：智能交通、智能城市、农业、医疗保健等。本章讨论了云计算的重要性、物联网的基础知识以及物联网和人工智能技术的各种应用。

参考文献

Akmandor A O, Jha N K, 2017. Smart health care: an edge- side computing perspective［J］. IEEE Consum. Electron. Mag. 1: 29–37.

Al- Dweik A, Muresan R, Mayhew M, Lieberman M, 2017. IoT-based multifunctional scalable real- time enhanced road side unit for intelligent transportation systems［C］. In IEEE 30th Canadian Conference on Electrical and Computer Engineering, 1– 6. IEEE, Windsor, ON, Canada.

Alahakoon D, Nawaratne R, Xu Y, 2020. Self-Building Artificial Intelligence and Machine Learning to Empower Big Data Analytics in Smart Cities［J］. Information Systems Frontiers. https://doi.org/10.1007/s10796-020-10056-x.

Alahi M E E, Nag A, Mukhopadhyay S C, Burkitt L, 2018. A temperature-compensated graphene sensor for nitrate monitoring in real- time application［J］. Sensors and Actuators 269: 79–90.

Arias O, Wurm J, Hoang K, Jin Y, 2015. Privacy and security in internet of things and wearable devices［J］. In IEEE Transactions on Multi-Scale Computing Systems, 1（2）: 99–109, 1 April–June 2015. DOI: 10.1109/TMSCS.2015.2498605.

Bharathi R, Abirami T, Dhanasekaran S, Gupta D, Khanna A, Elhoseny M, Shankar K, 2020. Energy efficient clustering with disease diagnosis model for IoT based sustain-able healthcare systems［J］. Sustainable Computing. Informatics and Systems 28.

Cabaj K, Mazurczyk W, 2016. Using software defined networking for ransomware miti-gation: The case of CryptoWall［J］. IEEE Networks 30: 14–20.

Castro- Neto M, Jeong Y S, Jeong M K, Han L D, 2009. Online- SVR for short-term traffic flow prediction under typical and atypical traffic conditions [J]. Expert Systems with Applications 36: 6164–6173.

Chang S H, Chiang R D, Wu S J, Chang W T, 2016. A contextaware, interactive Mhealth system for diabetics. IT Professional [J]. 18 (3) : 14–22. doi: 10.1109/MITP.2016.48

Dey S, Chakraborty A, Naskar S, Misra P, 2012. Smart city surveillance: Leveraging benefits of cloud data stores [C]. In IEEE Conference on Local Computer Networks Workshops, 868– 876. IEEE, Clearwater, FL, USA.

Greco L. et al, 2020. Trends in IoT based solutions for health care: Moving AI to the edge [J]. Pattern Recognition Letters 135: 346–353.

GUO B, 2015, Mobilecrowd Sensing and Computing: The Review of an Emerging Human-Powered Sensing Paradim [J]. Acn Computing Surveys, 48 (1): 1-31

Habibzadeh M, Hassanalieragh M, Soyata T, Sharma G, 2017. Solar/ wind hybrid energy harvesting for supercapacitor- based embedded systems [C]. In IEEE Midwest Symposium on Circuits and Systems, 329– 332. IEEE, Boston, MA, USA.

Habibzadeh H, TolgaSoyata C, Kantarci B, Boukerche A, 2019. Smart City system design: A comprehensive study of the application and data planes [J]. ACM Computing Surveys, 52 (2) : 1–38, https://doi.org/10.1145/3309545.

He W, Yan G, Xu L D, 2014. Developing vehicular data cloud services in the IoT envir-onment [J]. IEEE Transactions on Industrial Informatics 2: 1587–1595.

Healey J, Picard R W, 2005. Detecting stress during real- world driving tasks using physiological sensors [J]. IEEE Transactions on Intelligent Transportation Systems 6: 156–166.

International Atomic Energy Agency.（1998–2019）. “Agricultural water management,” www. iaea.org/topics/agricultural-water-management.

Jeyaraj P R, Samuel Nadar E R, 2019. Smart- Monitor: Patient Monitoring System for IoT-Based Healthcare System Using Deep Learning［J］. IETE Journal of Research. 1–8.

Khan S, Islam N, Jan Z, Din I U, Khan A, Faheem Y, 2019. An e- Health care ser-vices framework for the detection and classification of breast cancer in breast cytology images as an IoMT application［J］. Future Generation Computer Systems 98: 286–296.

Khan S, Thirunavukkarasu K, 2019b. “Indexing issues in spatial big data Khan, S., Qader, M. R., Thirunavukkarasu, K. and Abimannan, S. 2020. “Analysis of Business Intelligence Impact on Organizational Performance.” In 2020 International Conference on Data Analytics for Business and Industry: Way Towards a Sustainable Economy（ICDABI）, pp. 1–4. IEEE, Sakheer, Bahrain.

Li H, Li Y, Porikli F, 2016. DeepTrack: Learning discriminative feature representations online for robust visual tracking［J］. IEEE Transactions on Image Processing 25: 1834–1848.

Liakos K, Busato P, Moshou D, Pearson S, Bochtis D, 2018. Machine learning in agriculture: A review［J］. Sensors 18: 2674.

Luan T H, Gao L, Li Z, Xiang Y, Sun L, 2015. Fog computing: Focusing on mobile users at the edge［EB/OL］. CoRR abs/1502.01815（2015）. arxiv:1502.01815 arxiv.org/abs/1502.01815.

Manikandan D, Manoj A, Sethukarasi T, 2020. Agro- Gain - An Absolute Agriculture by Sensing and Data- Driven Through Iot Platform［J］. Procedia Computer Science 172: 534–539.

Mehra M, Saxena S, Sankaranarayanan S, Tom R J, V eeramanikandan

M, 2018. IoT based hydroponics system using deep neural networks [J]. Computers and Electronics in Agriculture 155: 473–486.

Miles B, Bourennane E B, Boucherkha S, Chikhi S, 2020. A study of LoRaW AN protocol performance for IoT applications in smart agriculture [J]. Computer Communications 164: 148–157.

Mohammadi M, Al- Fuqaha A, Sorour S, Guizani M, 2018. Deep learning for IoT big dataand streaming analytics: A survey [J]. IEEE Communications Surveys & Tutorials. IEEE. DOI: 10.1109/COMST.2018.2844341.

Muangprathub J, Boonnam N, Kajornkasirat S, Lekbangpong N, Wanichsombat A, Nillaor P, 2019. IoT and agriculture data analysis for smart farm [J]. Computers and Electronics in Agriculture 156: 467–474.

Occhiuzzi C, Marrocco G, 2010. The RFID technology for neurosciences: Feasibility of limbs' monitoring in sleep diseases [J]. IEEE Transactions on Information Technology in Biomedicine. 14: 37– 43.

Page A, Kocabas O, Soyata T, Aktas M K, Couderc J, 2014. Cloud- based privacy- preserving remote ECG monitoring and surveillance [J]. Annals of Noninvasive Electrocardiology. 20: 328–337.

Pejovic V, Musolesi M, 2015. Anticipatory mobile computing: A survey of the state of the art and research challenges [J]. ACM Computing Surveys 47: 1–29.

Rathore M M, Ahmad A, Paul A, Jeon G, 2015. Efficient Graph-Oriented Smart Transportation Using Internet of Things Generated Big Data [C]. In 11th International Conference on Signal-Image Technology & Internet-Based Systems (SITIS), 512–519. IEEE, Bangkok, Thailand.

Razzak M I, Naz S, Zaib A, 2018 Deep learning for medical image processing: Overview, challenges and the future. In: Dey N., Ashour A., and

Borra S. (eds.) , Classification in BioApps. Lecture Notes in Computational Vision and Biomechanics, vol. 26, 323–350. Springer, Cham. https://doi.org/10.1007/978-3-319-65981-7_12.

Redlarski G, Gradolewski D, Palkowski A, 2014. A system for heart sounds classication [J] . PloS One 9: Art. no. e112673.

Satyanarayanan M, 2017. The emergence of edge computing [J] . Computer 50: 30–39.

Shwe H Y, Jet T K, Chong P H J, 2016. An IoT- oriented data storage framework in smart city applications [C] . In International Conference on ICT Convergence, 106–108. IEEE, Jeju, Korea.

Siow E, Tiropanis T, Hall W, 2018. Analytics for the internet of things: A survey [J] . ACMComputing.Surveys 51: 4.

Sladojevic S, Arsenovic M, Anderla A, Culibrk D, Stefanovic D, 2016. Deep neural networks- based recognition of plant diseases by leaf image classification [J] . Computational Intelligence and Neuroscience 2016: 1–11.

Stojmenovic I, 2014. Fog computing: A cloud to the ground support for smart things and machine-to-machine networks [C] . In Proceedings of the Australian Telecommunication Networks and Applications Conference (ATNAC' 14) . IEEE, 117–122.

Sundmaeker H, Verdouw C, Wolfert S, Perez Freire L, 2016. Internet of food and farm 2020 [J] . Digitising the Industry-Internet of Things Connecting Physical, Digital and Virtual Worlds. Vermesan, O., and Friess, P. (Eds.) , 129–151.

Tang W, Zhang K, Zhang D, Ren J, Zhang Y, Shen X S, 2019. Fog- enabled smart health: toward cooperative and secure healthcare service provision [J] . IEEE Communications Magazine 57:42–48.

Wang X, Cai S, 2020. Secure healthcare monitoring framework integrating NDN- based IoT with edge cloud［J］. Future Generation Computer Systems 112: 320–329.

Wolgast G, Ehrenborg C, Israelsson A, Helander J, Johansson E, Manefjord H, 2016.Wireless body area network for heart attack detection [J]. IEEE Antennas and Propagation Magazine 58: 84–92.

Wu G, Chen J, Bao W, Zhu X, Xiao W, Wang J, 2017. Towards collaborative storage scheduling using alternating direction method of multipliers for mobile edge cloud［J］. Journal of Systems and Software 134: 29–43.

Wu Q, Ding G, Xu Y, Feng S, Du Z, Wang J, Long K, 2014. Cognitive internet of things: A new paradigm beyond connection［J］. IEEE Internet Things J:1129–1143.

Yin J, Gorton I, Poorva S, 2012. Toward real time data analysis for smart grids［C］. In Proceedings of the 2012 SC Companion: High Performance Computing, Networking Storage and Analysis. IEEE, Salt Lake City, UT, USA, 827–832.

Zhu N, 2015. Bridging e- health and the Internet of Things: The SPHERE project［J］. IEEE Intelligent Systems 30: 39–46.

Zhang D, Xia Z, Yang Y, Yang P O, Xie C, Cui M, Liu Q, 2021. A novel word similarity measure method for IoT-enabled Healthcare applications［J］. Future Generation Computer Systems 114: 209– 218.

Zhao H, Chen P-L, Khan S, Khalafe O I, 2020. Research on the optimization of the management process on internet of things（IoT）for electronic market［J］. The Electronic Library 39(4): 526-538.

第 5 章 机器学习以及深度学习对于物联网和大数据至关重要

穆罕默德·塔希尔（Muhammad Tahir），
纳瓦夫·N. 哈马尼（Nawaf N. Hamadneh），
穆罕默德·卡利德·伊玛姆·拉玛尼（Mohammad Khalid Imam Rahmani）

5.1 引言

物联网指的是数十亿个通过互联网相互交流连接的物体（事物），它们从现实世界的观测中收集数据，并彼此交换数据（Rayes & Salam，2017）。这个巨大的网络有助于大量数据（大数据）的产生，这些数据催生了物联网中更多更智能的应用程序（Fenila et al，2021）。基于机器学习和深度学习的算法的智能选择可以帮助决策者识别大数据中的重要模式（Al–Garadi et al，2020; Khan & Kannapiran，2019）。机器学习和深度学习技术的选择取决于能够及时处理的数据类型和数量。

机器学习是人工智能的一个子领域，已被用来解决广泛的现实世界问题（Awan et al，2021; Tahir et al，2020）。机器学习技术能够利用其特点学习数据中的固有模式（Subasi，2020）。支持机器学习的计算机可以执行模仿人类能力的任务。通常，机器学习技术可基于历史数据来开发模型，然后该模型可用于预测未来数据（Subasi，2020）。机器学习系统可以根据现有和历史数据进行训练，之后可以通过获取新知识而不必开发新程序来提高和推广其学习能力（Woolf，2010）。机器学习算法的性能在很大程度上取决于训练它们的数据量。随着大数据的出现，机器学习算法在计算金融、能源生产、图像处理（Bashir et al，2017）、计算机视觉、自然语言处理（Shahnawaz & Mishra，2015; Khan et al，2018）和股票交易等领域的决策中发挥着关键作用。有监督学习和无监督学习是机器学习中两种流行的方法，前者使用标签数据来训练机器学习算法，而后者则采用将数据分组到不同的聚类中的方法。当输出标签分好类时，监督学习被认为是分类。另外，当输出连续时，它被认为是回归。分类技术包括但不限于支持向量机、K- 最近邻算法和神经网络。回归可以使用逐步回归、bagging 和 boosting 算法（集成算法）以及神经网络来执行。无监督学习是指在不使用数据标签的情况下，根据隐藏模式对数据进行分组。K- 均值、层次聚类、隐马尔可夫模型和自组织映射是无监督学习的一些例子。深度学习是机器学习的一个分支，主要研究人工神经网络在机器翻译（Shahnawaz，2011）、图像处理、资源规划（Xiang et al，2021）等领域的应用。与机器学习算法相比，基于深度学习的技术直接从原始数据中学习，无须预处理。深度学习技术需要大量数据进行训练，并且能够从输入数据中学习复杂的模式。云服务提供商正在提供支持机器学习的平台，开发者可以在其中将机器学习技术应用于大数据以进行信息提取和分析。由于集成的机器学习预测系统的支持，这已经成为可能。

机器学习和深度学习算法可以有效地应用于物联网中的事物生成和数据收集，然后进一步用于识别隐藏模式并提取有用信息，为决策提供参考。机器学习和深度学习技术可以保证云数据的隐私和安全性。

5.2 物联网系统

物联网领域中的“物”指的是物理传感器、执行器或嵌入式系统，它们通过互联网进行通信，以便人们及时做出明智合理的决策。物联网基础设施的目标是使这些“物”能够自动地、完美地交换信息并做出明智的决定，而不需要人工干预。物联网在商业、健康监测服务和民用安全方面发挥着关键作用。支持物联网的设备能够收集数据、执行机器与机器之间的通信，并执行简单的预处理算法，因此物联网系统能够以最小的计算能力、较低的功耗和较低的成本完成这些任务。物联网通过互联网提供与物理设备的连接，使这些设备能够不断地相互生成、收集和共享数据。以这种方式生成的大数据要求物联网能够处理和分析这些数据。为了远程执行不同的任务，物联网系统配备了监控和控制功能（Syafrudin et al，2018；Zhao et al，2020）。请注意，数据的处理和分析是在“物”中执行的，而不是在一个集中的系统中。监控和控制能力对消费者的福祉、政府的效率、医疗服务提供商的效率以及企业的赢利能力有着巨大的影响。

5.3 物联网组件

物联网系统包括传感器、网关、接口、云端、分析功能和用户界面（Rayes & Salam，2017）。传感器负责从外部环境收集信息。它的工作是检测变化，并将这些变化传达给云。网关管理数据流，并为数据提供加密服务，以防止未经授权的访问数据。接口是在物联网设备之间建立通信的关键因素。物联网的云为物联网产生的大量数据提供存储服务。云提供了分析工具，用于进一步分析可通过互联网访问的数据。这些变化由物联网分析系统捕获，该系统处理数据并将其呈现给用户以进行进一步分析。用户界面允许与系统交互，用户可以在其中将数据和信息可视化、响应触发器或根据各种通知采取行动。

5.4 物联网功能

物联网的特点在物联网的普及中起着至关重要的作用，包括连通性、分析、集成、人工智能、传感、主动遵守、主动参与以及端点管理。

连通性是指通过互联网将物联网连接到云端。可靠、安全、双向的通信依赖于物与云之间的高速通信链路。分析是指通过连通性收集数据后的实时分析，并进一步用于帮助人们做出明智的决策。集成是指整合不同的模块，以增强用户体验。物联网系统因其智能行为而被市场接受。它们可以检测环境中的微小变化，并及时报告，以便人们做出适当的决策。物联网传感器设备的可用性提供了传感能力，如果没有这些设备，物联网将无法监测环境中的任何变化。物联网已经实现将无源网络转化为有源网络。在这一点上，物联网基础设施、服务和其他资源都积极参与。物联网端点指的是收集服务或机器数据以进行监控，并与云共享以进行进一步分析的“物”。端点管理是物联网部署的重要要求。安全性是物联网系统的另一个重要功能，它可以确保通过其基础设施收集的个人数据的安全性。

5.5 物联网架构

物联网架构（Yaqoob et al，2017）由以下 4 个阶段组成。

- 物和传感器
- 物联网数据采集系统和网关
- 边缘设备

- 云

物和传感器是指通过互联网相互通信的物联网设备，负责感知、收集来自环境的数据和信息，并与物联网网关通信。物联网数据采集系统和网关对收集的数据进行预处理，以进行进一步分析。边缘设备进一步处理数据并提供高级分析。最后，数据被发送到云端，在云端可以使用机器学习和深度学习技术进行高级分析和处理。数据还与其他设备共享，以便做出更智能、更明智的决策。物联网的一些流行应用包括智能家居、智能城市、医疗监控、可穿戴设备、智能交通、供应链管理、安全和监控系统。

5.6 机器学习和深度学习技术

机器学习算法在使用历史数据进行训练后，可以识别数据中的重要模式（Hamadneh et al，2021）。机器学习算法必须经过一定的阶段来训练和测试算法。这些阶段包括：预处理、特征提取、特征选择和分类（回归）。在训练机器学习算法时，研究人员必须以交互方式监控该过程，尤其是在为特定问题领域选择合适的算法时。

深度学习算法不需要这些烦琐的步骤。它们能够以端到端的方式处理原始数据。该系统可以将图像或原始数据直接输入到处理它们的地方，最终的输出将在没有人参与的情况下进行计算，不需要显式的特征提取和选择。所有任务都在深度学习的“深”层中自动处理，在这里，“深”表示额外隐藏层的数量。这与“浅”的网络形成对比。深度学习算法是计算密集型的，需要强大的CPU和GPU以及巨大的内存容量。

深度学习是机器学习的一个分支，在设计用于识别交通标志和行人的自动驾驶汽车、语音分析、图像分类等方面表现出出色的性能。所有这些都是直接从原始图像或非结构化数据中实现的，无须人工干预。

5.7 机器学习和深度学习技术在物联网中的作用

基于机器学习技术的物联网解决方案越来越受到研究人员的关注，他们在最近一段时间已经证明了其在我们日常生活中的重要性（Adi et al，2020; Song et al，2018）。机器学习和深度学习技术帮助物联网为我们的物理世界配备了数字神经系统。机器学习和深度学习技术有助于从连接到物联网的数十亿设备产生的大数据中分析和提取有用的模式。

机器学习和深度学习算法在通过物联网将这些设备变得更智能方面发挥着关键作用。通过及时分析大数据，机器学习和深度学习技术可以提高物联网的效率。同样地，仅举几个例子，机器学习和深度学习技术，如决策树、神经网络和聚类技术，也可以识别出一些内在的模式。很明显，机器学习和深度学习算法是使物联网设备能够在没有人为干预的情况下独立做出智能和知情决策的核心前提。然而，在某些情况下，为了开发智能应用程序，数据收集和信息提取可能会由人类观察员监控。然而，物联网系统应该能够利用算法和大数据独立做出智能决策。物联网系统的智能行为也将出现在物联网应用程序的开发中，在物联网应用程序中，资源将被自动优化分配。

机器学习技术不仅可以用于物联网基础设施的优化，还可以用于数据分析和决策。例如，机器学习可以优化资源分配、减少拥塞，并管理其他网络参数，以帮助建立强大而高效的基础设施。类似地，机器学习可以用于预处理数据，分析数据以识别内在模式，并将其可视化。另一个重要考虑因素是利用深度学习技术处理大数据，因为物联网基础设施允许添加大量新设备。这里的术语“大数据”指的是传统的关系数据库无法处理大量结构化和非结构化数据的现实。因此，通过增强物联网基础设施，深度学习技术可以有效地推断和提取隐藏信息，使决策者更容易做出明智的决策。

5.8 物联网应用

物联网在我们的社会中有很多应用，包括但不限于安全和监控系统、医疗监控系统、企业、智能家居、智能交通和智能城市（Bhattacharya et al，2020）。个人可以使用物联网系统监控他们的日常生活，管理他们在餐厅的预订服务，并接收与不同服务相关的通知。对于企业而言，物联网可以有效地监控其仓库的库存水平，管理库存供应链，并执行预测性维护。下面讨论一些广泛流行的应用。

5.8.1 农业物联网

为了满足人们日益增长的粮食需求，物联网（Elijah et al，2018）可以在提高作物产量方面发挥关键作用。土壤的性质对作物的生产有很大影响。物联网传感器可用于检测土壤状况，并使农民能够利用这些信息进行决策。传感器可以检测不同天气条件下土壤的湿度、酸度和温度。这将帮助农民有效地规划灌溉和播种的相关决策。

5.8.2 医疗物联网

入院的患者，尤其是重症监护病房的患者的健康状况需要被持续监控。支持物联网的传感器可以提供这种服务，它们不仅可以在医院病床上监测患者的健康状况，还可以在远程位置实时监测患者的健康状况（Zeadally & Bello，2019）。同样，医院的病床可以通过物联网技术被改造成智能病床，它可以及时将患者的血压、体温和患者生理功能的其他类似指标传达给医生。

5.8.3 运输物联网

物联网也在证明其在运输领域的可行性（Kumar & Dash，2017），它能够使企业降低燃料成本或货运时间成本。同样，从城市周围不同传感器收集的数据也可用于监测交通模式和一天中不同时间的停车位使用情况。这将有助于城市规划者设计满足公众需求的交通政策。

5.8.4 政府物联网

政府当局可以使用物联网（Wirtz et al，2019）传感器跨部门收集数据，用于为公众提供更好的治理方式。基于物联网的监控系统能够自主执行任务，其性能优于传统监控系统。掌握了所有信息后，当局可以及时做出明智的决定，满足公众更大的需求。

5.8.5 能源物联网

世界正面临着能源危机。物联网在调节能源消耗方面具有巨大潜力。物联网传感器与机器学习算法相结合（Hossain et al，2019）可以收集有关不同天气条件下的线路损耗、能耗、入侵和用电模式的数据。同样，收集温度和其他环境数据也可能有助于调节用电量。由物联网传感器收集的数据可以为决策提供参考，以平衡能源的生产和消耗。

5.8.6 家庭物联网

随着物联网的出现，人们拥有智能家居的梦想实现了。物联网使房主能够远程监控基于物联网的家用电器。基于物联网的智能家居（Gaikwad et al，2015）能够执行不同的任务，例如，根据天气条件打开或关闭空调。同样地，当一个门被打开时，家庭物联网也可以识别出一个进入者的脸。其他一些实用的例子包括但不限于通风、水温管理、监视和开关进出房间的灯。

5.8.7 供应链物联网

物联网使许多企业（Manavalan & Jayakrishna，2019）能够引入更高效、更灵活的新型业务流程。物联网嵌入式传感器使企业主能够在生产到交付的过程中监控其产品。在这些过程中，通过物联网传感器收集的数据为明智的决策提供了基础，从而提高客户体验和优化生产。

5.9 未来研究潜力

物联网技术正在获得全球的广泛认可。到 2025 年，物联网每年可能产生 11.1 万亿美元的产值（Manyika et al，2015）。物联网在控制日常任务方面为个人和企业提供了更多便利。区块链已经与大数据应用集成在一起，并具有巨大的潜力。显然，物联网正在改变我们的经济、商业和社会价值观。然而，物联网传感器之间以及云之间的持续通信使其容易受到安全威胁。因此，需要新的加密技术来解决这些问题，因为现有技术无法解决与物联网基础设施相关的问题。机器学习和深度学习技术可以为能够使用它们的物联网系统提供所需的解决方案，以了解大数据中隐藏的和固有的模式。

5.10 结论

物联网引起了许多学术研究人员和商业实体的注意，后者正致力于通过物联网占领市场。由于智能手持设备的进步，现在一些设备可以在不涉及云的情况下在本地处理数据。在本章中，我们已经确定了与物联网和云集成的机器学习和深度学习技术的重要性，以使它们更智能、更安全、更有效地及时做出决策。由于物联网传感器产生的数据量越来越大，并且正在转化为大数据，因此，机器学习和深度学习技术在将这些数据转化为易于理解的信息方面具有潜在的应用价值。

参考文献

Adi E, et al, 2020. Machine learning and data analytics for the IoT［C］. Neural Computing and Applications 32, pp. 16205–16233.

Al-Garadi M A, et al, 2020. A survey of machine and deep learning methods for internet of things（IoT）security［J］. IEEE Communications Surveys & Tutorials 22.3, pp. 1646–1685.

Awan N, et al, 2021. Machine learning-enabled power scheduling in IoT-based Smart Cities［J］. Computers, Materials & Continua 67.2, pp. 2449–2462.

Bashir T, Imran U, Shahnawaz K, Junaid U R, 2017. Intelligent reorganized discrete cosine transform for reduced reference image quality assessment. Turkish Journal of Electrical Engineering & Computer Sciences 25.4, pp. 2660–2673.

Bhattacharya S, Somayaji K, Gadekallu T R, Alazab M, Maddikunta P K R, 2020. A review on deep learning for future smart cities［J］. Internet Technology Letters, e187.

Gaikwad P P, Jyotsna P G, Snehal S G, 2015. A survey based on Smart Homes system using Internet-of-Things［J］. 2015 International Conference on Computation of Power, Energy, Information and Communication（ICCPEIC）. IEEE, Melmaruvathur, India pp.0330–0335.

Hamadneh N N, Muhammad T, Waqar A K, 2021. Using artificial neural network with prey predator algorithm for prediction of the COVID-19: The case of Brazil and Mexico［J］. Mathematics 9.2, p. 180.

Hossain E, et al, 2019. Application of big data and machine learning in smart grid, and associated security concerns: A review［J］. IEEE Access 7, pp.

13960–13988.

Khan S, Usama M, Salam S S, Sultan A, 2018. Translation divergence patterns handling in English to Urdu machine translation [J]. International Journal on Artificial Intelligence Tools 27.05: 1850017.

Khan S, Thirunavukkarasu K, 2019. Indexing issues in spatial big data management [J]. International Conference on Advances in Engineering Science Management & Technology (ICAESMT) -2019, Uttaranchal University, Dehradun, India.

Kumar N M, Archana D, 2017. Internet of things: an opportunity for transportation and logistics [C]. In: Proceedings of the International Conference on Inventive Computing and Informatics (ICICI 2017), Coimbatore, India, 23rd to 24th November 2017, pp. 194–197.

Manavalan E, Jayakrishna K, 2019. A review of Internet of Things (IoT) embedded sustainable supply chain for industry 4.0 requirements [J]. In: Computers & Industrial Engineering 127, pp. 925–953.

Manyika J, et al, 2015. Unlocking the potential of the Internet of Things. URL: www. mckinsey.com/business-functions/mckinsey-digital/our-insights/the-inter-net-of-thingsthe-value-of-digitizing-the-physical-world (visited on 2021).

Naomi J F, Kavitha M, Sathiyamoorthi V, 2021. Machine and deep learning techniques in IoT and cloud [C]. In: Challenges and Opportunities for the Convergence of IoT, Big Data, and Cloud Computing. IGI Global, pp. 256–278.

Olakunle E, et al, 2018. An overview of Internet of Things (IoT) and data analytics in agriculture: Benefits and challenges [J]. In: IEEE Internet of Things Journal 5.5, pp.3758–3773.

Rayes A, Samer S, 2017. Internet of things from hype to reality [M].

Springer, Singapore.

Shahnawaz M R, 2011. ANN and rule based model for English to Urdu-Hindi machine translation system [C]. In Proceedings of National Conference on Artificial Intelligence and agents: Theory& Application, AIAIATA, Varanasi, India, pp. 115–121.

Shahnawaz, Mishra R B, 2015. An English to Urdu translation model based on CBR, ANN and translation rules [J]. In: International Journal of Advanced Intelligence Paradigms 7.1 pp. 1–23.

Song M, et al, 2018. In-situ ai: Towards autonomous and incremental deep learning for IoT systems [C]. In: 2018 IEEE International Symposium on High Performance Computer Architecture (HPCA). IEEE, Vienna, Austria, pp. 92–103.

Subasi A, 2020. Practical Machine Learning for Data Analysis Using Python. cademic Press, USA.

Syafrudin M, et al, 2018. Performance analysis of IoT-based sensor, big data processing, and machine learning model for real-time monitoring system in automotive manufacturing [J]. Sensors 18.9, p. 2946.

Tahir M, et al, 2020. Discrimination of Golgi proteins through efficient exploitation of hybrid feature spaces coupled with SMOTE and ensemble of support vector machine [J]. IEEE Access 8, pp. 206028–206038.

Wirtz B W, Jan C W, Franziska T S, 2019. An integrative public IoT framework for smart government [J]. In: Government Information Quarterly 36.2 (2019), pp. 333–345.

Woolf B P, 2010. Building Intelligent Interactive Tutors: Student-centered trategies for Revolutionizing e-Learning. Morgan Kaufmann, USA.

Xiang X, Qiong L, Khan S, Osamah I K, 2021. Urban water resource management for sustainable environment planning using artificial intelligence techniques［J］. In: Environmental Impact Assessment Review 86: 106515.

Yaqoob et al, 2017. Internet of Things Architecture: Recent Advances, Taxonomy, Requirements, and Open Challenges［J］. In: IEEE Wireless Communications 24.3, pp. 10– 16.DOI:10.1109/MWC.2017.1600421.

Zeadally S, Oladayo B, 2019. Harnessing the power of Internet of Things based connectivity to improve healthcare［J］. In: Internet of Things, vol. 14, p. 100074.

Zhao H, Pei-Lin C, Khan S, Osamah I K, 2020. Research on the optimization of the management process on internet of things（IoT）for electronic market[J]. The Electronic Library 39(4):526–538.

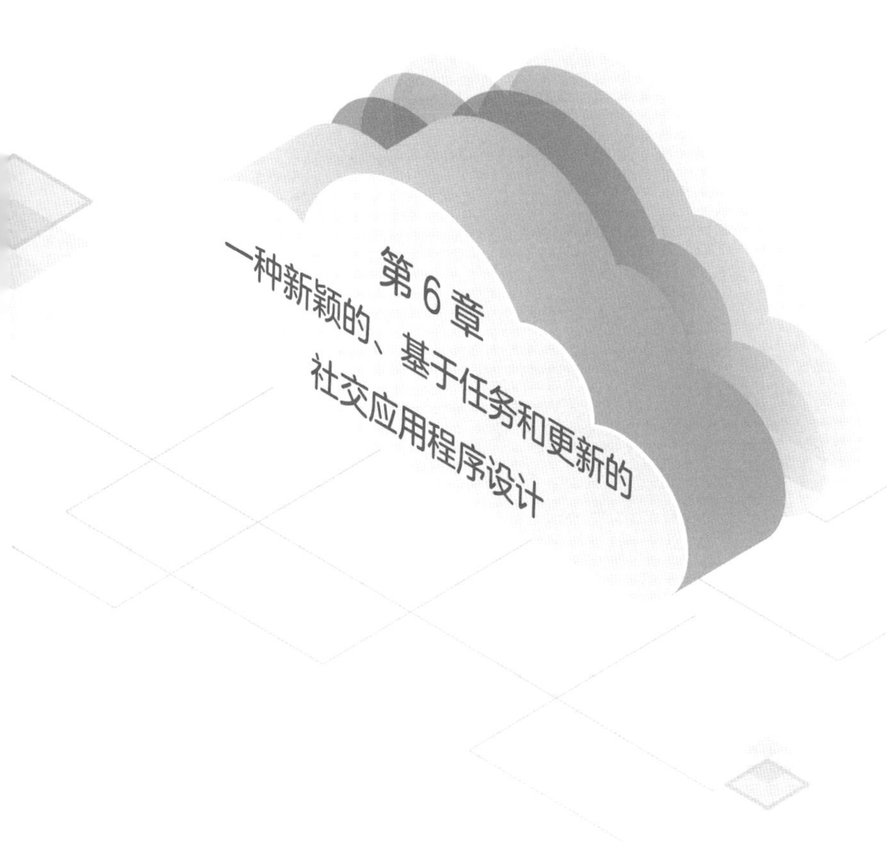

第 6 章 一种新颖的、基于任务和更新的社交应用程序设计

苏雅·帕尼克（Suja Panicker），萨钦·瓦西勒（Sachin Vahile），
艾德里亚·古因（Adrija Guin），拉胡尔·塞西亚（Rahul Sethia）

6.1 引言

用户界面（UI）是人与设备之间传输和交换数据的媒介，也是用户在其设备上工作的协同操作框架。UI 充当软件面向终端用户的整个框架，因此原型的好坏主要取决于 UI 设计的性质（Nurgalieva, Laconich et al，2019）。吸引力并不是 UI 的唯一目的，设计的直观性也是一个重要方面（Zhafirah, Hardianto et al，2019）。UI 的构建应该只关注目标受众。如果目标受众包括成年人，那么更直观的界面可以更好地支持更多成年人使用它（Zhafirah, Hardianto et al，2019）。用户体验（UX）试图鼓励用户和框架之间丰富、有吸引力的交互。为了使这种体验以一种具有黏性的方式展开，用户必须受到鼓舞，以增加他们的参与感（Joo，2017）。

6.2 动机

人类活动可能与市场上的香料数量一样多。与此同时，人口的增长增加了人们每天提出的问题数量。我们不可能回答每个问题。为了避免这些问题在未来呈指数级增长，我们已经开发了一个基于任务和更新的项目的想法。 在这个项目中创建的平台只处理人们的日常查询。

尽管我们对此问题进行了积极的研究，但以下问题仍未得到解答。

首先，可以互动并从特定领域的专家那里获得对问题的全面回答的平台很少。

其次，不能始终盲目地信任不同网站上可用的信息。

在本文中，我们提出了一个基于任务和更新的平台，其中每个问题表示个人需要完成的任务，更新表示平台上其他个人的回复。任何对任务有足够了解的人都可以更新。这项任务范围可以从基本需求到大型项目。该平台可以为所有用户的查询和问题提供其所需的答案。通过这项工作，我们希望用户能够在不被评判的情况下提出任何问题并且非常快速地从专家那里获得所需信息以及最少的无关信息，从而获得无缝体验。

由于对该系统的智能应用程序的熟悉，普通人群的社会认知也会有所改善。用户友好和导航友好的设计简化了发布任务、获取相应更新以及其他功能，例如：保存到文档、转发搜索等。在本文中，我们不仅调查了人们收集任何类型项目信息的困难，而且还试图尝试结合用户体验原则，尽可能简化提问和回答的整个体验，同时强调更新。每个人的回复的可信度都可以从他们的个人资料中验证。

6.3 文献综述

本节介绍了与 UI 和 UX 有关的重要领域知识，以及 UI 和 UX 之间的常见误解、基本颜色模型和颜色理论，并总结了该领域当前研究的亮点（以及当前研究中的不足）。

UI 设计有很多部分。一个好的 UI 设计需要经过多年实践的人才。当人们尝试进入 UI 领域时，由于论文、文章和互联网上提供的大量内容，人们可能会无从下手。一个好的 UI 设计不仅引人注目，而且倾向于让用户了解当前的趋势，并在他们与之交互时激发他们的情绪。UI 的开发过程基于以一般用户为重点进行数据收集的市场调查和研究。这个过程将决定谁可能是应用程序的用户、要描绘的品牌形象以及设计过程的路线图。

这些原型需要进行测试以衡量其可行性。可行性测试是测试产品或服务功能的好方法。评估是通过使用一系列问卷来完成的，这些问卷可以获取与数据框架使用的充分性、熟练程度和完成度相关的信息。可用于衡量可行性的问卷集之一是 USE（有用性、满意度和易用性）问卷，因为它可以涵盖可行性评估的 3 个组成部分（Goel & Goel，2016）。

USE 问卷是一种民意调查，可用于与用户体验紧密相关的可行性问卷。结果表明，参数之间存在联系：易用性和有用性会影响满意度（Goel & Goel，2016）。

6.3.1 UI/UX 流程框架

我们使用流行的 5S 框架，将要开发的产品以层的形式进行分割。了解用户的目的和定义会影响用户行为的感知和接受属性。5S 框架分为战略层、范围层、结构层、骨架层和表面层。界面的优先级是这样的，它首先强调用户需求，即用户的行动计划；然后是作为业务项目的目标；下一步是对结果进行反思，以便为问题陈述中出现的问题找到解决方案；最后形成原型。图 6.1 展示了 UI/UX 界面思维图。

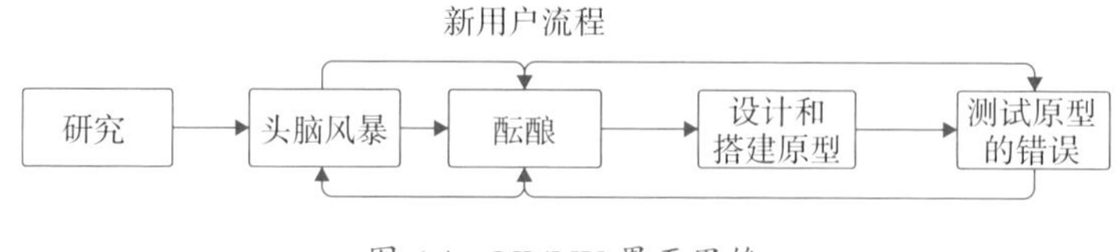

图 6.1 UI/UX 界面思维

设计过程包括 6 个阶段，如下所述。

（1）研究

作为第一步，根据旨在收集尽可能多的相关数据的预先准备的问卷进行调查是很重要的。该调查可以在有限的样本量下进行，该样本量经过精心设计，以了解问题陈述和要创建的品牌形象。候选人可以面对面了解，也可以在线定位。调查和访谈的目的是了解用户的日常生活以及要创建的应用程序或产品适合的位置。除此之外，设计师可以审查应用商店的新应用程序并收集处理类似项目的屏幕截图。

（2）草图和信息架构

信息架构（IA）描述了信息的布局和应用程序的流程。第一步是制作描述产品流程的流程图。确定流程后，第二步是以粗略草图的形式将想法写在纸上。立即开始使用设计工具是一个很大的错误，由于可用选项的数量过多，这个阶段可能会让人不知所措。因此，布局的基础需要建立在组件上。按钮和文本区域等组件被绘制在纸上以决定它们在屏幕上的位置。在纸上绘图为绘制者提供了一个很好的可视化图景，这种方式比在平台上更快地尝试多个选项更有效。

（3）模块级设计

这一步将对文本块、按钮、图像和其他要纳入设计的元素做出决定。每个组件都分配了一个特定的区域。用户流是由每个组件及其操作决定的。

（4）线框

这一过程是在纸上绘制屏幕并添加微小的细节。这些细节可能是徽标、图标、插图、文本样式、地图、要添加的动画评论、文本定义、标题和字幕。设计期间的屏幕截图应作为参考。该过程可以用笔和纸或在软件包中启动。绘制线框后，可以从潜在用户那里获取反馈，以获得更好的结构、布局和流程；也可以使用软件包，但这会限制项目的流程。Balsamiq 等软件已经被使用了 10 年。设计师也可以使用 Sketch 和 Figma 等其他工具。

（5）视觉设计

视觉设计（VD）是指产品最终对用户呈现的外观。这个阶段决定了每个组件的外观。这是设计阶段中用时最长的部分。通过决定品牌形象的元素，设计师可以减少此阶段的可用选项。这可以在制作线框图时确定。

（6）原型制作

作为产品蓝图的线框被转换为模型 UI。通过将屏幕链接在一起，设计师可以将 UI 转换为原型。可点击的原型感觉很真实，它可以用来获得比使用线框更好的反馈。这会产生更真实的效果。Adobe XD、Figma、Sketch、InVision、Gravit 和 Framerare 是常用的工具，因为它们有助于简化设计过程并提供多种选择。市场上也存在专门为此目的制作的原型工具，例如 ProtoPie 和 Flinto。最后一步是将产品“移交”给开发人员。这是开发人员和 UI/UX 设计师之间的协作过程。

6.3.2 UI 和 UX 是彼此分离的阶段

（1）UI

UI 框架和用户通过协议相互连接，该协议规定了操作框架、输入信息和利用内容（Brien，2010）。这涉及演示屏幕、控制台、鼠标和桌面。这就是用户与应用程序或站点进行通信的方式。这种关联导致大量使用 Web 应用程序和便携式应用程序的组织更加重视 UI，以改进其组织的 UE（用户设备）（Nurgalieva，Laconich et al，2019）。

（2）UX

UX 指的是当直接或间接参与使用框架、物品或进行管理时，通过用户的观察、感受、想法和反应所确定的一般体验（Brien，2010）。正是产品设计的艺术性鼓励了交互，以达到预期效果。这对于产品和任务都很重要（Nurgalieva，Laconich et al，2019）。

6.3.3 对 UI/UX 的误解

UX 和 UI 肯定是不同的，但是它们是相互关联的，并且发挥着各自的作用。UX 在很大程度上是 UI 的超集。UX 在设计界面时是必不可少的。

UX 不只限于计算机化的创新，还可以扩展到产品的各个方面，包括产品的生命周期。这是一个围绕整个产品体验的迭代循环。

设计不是一个单一的术语，而是一个涵盖不同领域元素的总称，例如脑科学、数据分析、创新、用户旅程规划等。

从头开始开发产品时，设计不是高度弹性的。照顾用户和业务问题并填补业务目标和消费者满意度之间的空白至关重要。

6.3.4 设计的基本原则

巴鲁阿概述了设计的基本原则（Barua，2019）。

（1）空白空间

空白空间也称为负空间，它是用户界面中元素之间的空白空间。在 UI 的组件中保持适当比例的空白不仅对于审美非常重要，而且更易于用户查看内容。

（2）对齐

UI 中的对齐是确保每个元素相对于其他元素正确定位的过程。UI 中的每个元素都定义了一系列行和列。沿特定且唯一的行或列对齐使用的组件会在应用时产生更好的效果。

（3）对比度

对比度可能被定义为与某物明显不同，例如，使用两种或多种不同的颜色。UI 中的每个元素都有一定程度的基于背景的对比度。根据 WCAG 2.0 对比度指南，增强对比度要求界面具有至少 7∶1 对比度的文本和文本图像的视觉呈现，除了大文本，其对比度应至少为 4.5∶1。可用的对比度检查工具包括谷歌浏览器和火狐的浏览器插件，以及可以输入不同值的网站以及 UI 设计应用程序插件，例如 Sketch 和 Figma。

（4）比例

除了到目前为止提到的其他基础知识外，还必须仔细考虑每个 UI 元素的大小。屏幕上每个元素的比例应该符合开发人员提供的对称、对齐的视图要求。空白的比例不应该是压倒性的。

（5）排版

字体选择：建议避免使用两种以上的字体。大多数产品只使用他们开始项目时使用的字体。

视觉层次：这很重要，因为它是通过排版确定重要性顺序的一种方式。许多基本要素需要确定，如字体大小、颜色和对比度等。

对齐：所有文本沿特定行或列或特定边（垂直测量时为左、中或右，水平测量时为上、中或下）对齐有助于理解层次结构。

字母间距和行高：组件之间的适当间距可以提高界面可读性。字母之间的间距也需要根据所选样式加以考虑。

字体样式：使用的样式需要与项目的主题相协调。产品和文本呈现的和谐对于描绘某个想法很重要。

颜色和对比度：标题和副标题之间的颜色差异可以为用户提供良好的

界面可读性，并有助于轻松导航。对比度有助于区分文本不同部分的不同目的。

（6）颜色

塑造用户体验的第一个 UI 设计基础是颜色。设计师需要根据颜色感知心理学做出决定。每种颜色对特定人群都有一定的意义，例如，绿色与财富、成长和自然有关，而黑色则可以用来表示奢华、精致和优雅。一个值得注意的地方是，根据公司或目标受众的不同，某些颜色可以向不同的社区和文化群体传达不同的含义。在演示中，设计师应考虑甲方的需求，并激发目标受众的情绪。在开始设计之前，我们建议先确定颜色主题，这样做的好处是防止使用过多的颜色。通常，调色板应包含两种颜色，或最多 3 种颜色。太多不同的颜色会破坏画面的质感。通常，单一颜色与不同的色调、色调或阴影一起使用，以细微地强化布局中的不同部分。

（7）视觉层次

用户界面的每个元素都有特定的重要性级别。 有些元素比其他元素更重要。视觉层次结构是我们建立这种重要性的方式。例如，在一个屏幕上，如果我们布局 4 个相同大小、相同级别的文本框，这意味着所有模块的重要性相同。当其中一个模块在屏幕上被赋予更高的位置时，用户的目光会自动先被吸引到该模块，然后才会注意到剩余的模块。现在，如果所有模块都被赋予较暗的阴影以与相同大小的相同级别上的一个白色模块形成对比，那么即使所有模块都在同一级别上，该模块也会首先吸引用户的眼球。

6.3.5　色彩理论

借助色彩理论，设计师可以创造出迷人的视觉内容。对颜色和设计的基础知识的理解能够解构颜色的逻辑结构，从而更有效地创建和使用调色板，从而唤起特定的情感、氛围或美学。它为创建良好的视觉效果（Soeegard，2020）奠定了基础，如下所述。

（1）三原色

三原色分别由红色、黄色和蓝色组成。这些色调是基本色，不能通过混合任何其他颜色来创建。它们存在于整体设计计划中。

（2）次生色

这些颜色是任意两种主要颜色的混合。有三种辅助颜色：橙色、紫色和绿色。这些颜色是最纯净的形式，就像它们所源自的颜色是最纯净的形式一样。色调和色度可以提供更多的多样性。

（3）复合色

复合色是通过将原色与色轮上紧邻它的第二色相结合而得出的。带有其他明度、灰度和色调的原色，获得的结果将包含两种以上的颜色。

6.3.6　颜色理论轮

卡特莱特（2020）讨论了色轮背后的基本原理，他通过在彩虹色标上描述每种颜色与旁边的颜色之间的关系来选择颜色组合。它是一个圆形图，显示了每种原色、次生色和复合色以及它们各自的色调、色度和灰度。

（1）色相

色相是组合两种原色以创建次生色时的重要考虑因素。这是因为色相内部的选项最少。通过混合两个带有其他色调、色调和阴影的原色，获得的结果将包含两种以上的颜色。

（2）灰度

灰度是通过将黑色添加到任何给定色调而获得的颜色，有多种可能性。

（3）明度

将白色添加到一种颜色或色调中，会产生一种色调。它与阴影相反。

（4）色调

将白色和黑色添加到一种颜色中会产生一种色调。

6.3.7 加减色理论

卡特莱特（2020）讨论了两种通常用于颜色的模型，CMYK 和更流行的 RGB。这些可以在用于设计的计算机程序或图形中发现。

（1）CMYK

CMYK 代表青（蓝）色、品红色、黄色和黑色。CMYK 是减色模型。就是说，当您将青色、品红色和黄色相加时，您会得到黑色。CMYK 的工作范围为 0 到 100。如果 C = 100、M = 100、Y = 100 和 K = 100，它会给出黑色。如果所有值都等于 0，那么你最终会得到白色。通过添加颜色，可以阻止白色波长通过。该模型一般用于打印机中的墨盒。

（2）RGB

RGB 代表红色、绿色和蓝色，是基于光波的加色模型。RGB 模型专为电子设备上的屏幕显示而设计。设计工具也使用此模型。这意味着，添加的颜色越多，越接近白色。它是在从 0 到 255 的范围内创建的。因此黑色是 R=0、G=0 和 B=0，反之亦然。许多网络程序只会给出 RGB 值或 HEX 代码。

6.3.8 颜色方案

卡特莱特（2020）解释说有 5 种颜色方案。在决定方案之前，应考虑定义背景的颜色选择。颜色背景是指我们如何感知颜色之间的对比。

（1）近似色

近似色是通过在色轮上将一种主要颜色与紧邻它的两种颜色配对形成的。这些结构不会创建对比度差异很大的画面，而是用于创建更柔和、对比度更低的设计。例如，近似色可用于创建具有秋季或春季颜色的配色方案。

此方案可用于创建较暖或较冷的调色板，便于将图像中的元素混合在一起。

（2）补色

补色提供最大量的颜色对比。这是可行的，因为选择的颜色直接位于色轮上。主要格式是将设计基于一种颜色，并在设计中使用另一种颜色作为重点。这种配色方案也非常适合显示图表和图形。

（3）单色

使用这种配色方案，人们将能够专注于一种特定的色相。它基于一种色相的各种明度和灰度。它缺乏对比，但给人一种干净的感觉。这些颜色不会显得突兀。

（4）三色

三色配色方案是通过选择 3 种颜色派生的，这些颜色在色轮周围均匀排列。3 种颜色在色轮上的距离相等。这提供了高对比度，而色调保持不变。如果选择的颜色在色轮线上的同一点上，对比将尤其明显。这可以通过将主色保持为基色并谨慎使用其他两种剩余颜色或通过使用色调来降低这种对比。

（5）分割补色

该方案包括一种优势色，其余两种色与优势色的补色直接相邻。这是一种微妙的调色方案。这种配色方案很难处理，因为所有颜色都是为了提供对比度。尽管它提供了很好的对比，但要达到适当的平衡可能会很棘手。我们对这项研究的观察结果如下：

- 某些软件会自动提供预设颜色。设计师需要探索提供的预设之外的颜色，并决定如何最好地将颜色用于所需的设计。
- 设计师需要从一种颜色开始，然后从那里构建配色方案。以一种以上的颜色开始设计可能会让人不知所措，这样做很难使一种颜色相协调。
- 设计师需要保存配色方案以备后用。调色板可能适合未来的设计。
- 设计师需要更多地练习调配颜色。这会带来更多的专业知识并培养技能。

6.3.9 UI/UX 趋势设计元素的变化

界面与设计和连接紧密相连（Brien，2010）。界面设计在连接框架能力方面发挥着重要作用。UX 界面还受到框架易用性、用户对系统的了解和用户技能的影响。

（1）极简设计的演变

极简布局和最小化复杂性的概念从 2017 年开始出现。其方法是在尽量减少数字组件的同时使界面看起来尽可能整洁。

（2）运动图像

人体最强大的感觉是视觉。图像比文字更能说明问题。静态图像可以描述一个原本需要很多词形容的想法。动态图像可以有效地解释一个需要数百个词语形容的想法。设计师可以优化基于认知反应的智能 UI/UX 系统，为老年人口提供理想的界面效果（Kumar，Kandaswamy et al，2016）。

（3）长滚动和视差技术网站

大多数 UI 的标准化格式是无限滚动。在新闻源或用于观看视频的网站（如油管）或社交媒体应用（如照片墙或脸书）中可以看到一些示例。

6.3.10 激发现代用户的趋势

UX 设计充满了快速变化的趋势（UI Design Crash，2019）。但是，总有一些长期趋势可以定义这个行业。科技公司创造独特的在线体验，可以促进用户与社区的情感联系。除了功能之外，客户还希望他们在与数字世界中的品牌互动时获得令人兴奋的新体验。移动应用程序和网站应运而生，其包含的 UI 内容结合了令人惊讶的布局、数字插图和动态图形、语音优化搜索等。

（1）交互 UI

移动应用和网站动画在 UI 设计中已经非常受用户欢迎。引人入胜的动画故事、与动画屏幕互动以及有趣的动画角色互动、为用户提供有用的视觉提示并解释如何使用产品和服务，这些都是用户喜欢的东西（Kopf，2020）。这些视觉效果有助于建立与用户的信任，提高用户参与度，并为充斥着消费者问题的客户支持团队提供巨大的好处。动态网站背景、动态排版、动画徽标和视觉辅助等元素将数字体验转变为令人兴奋的冒险。

①插图

插图是 Buffer、Pipedrive 和 Boli 等不同行业公司使用的另一种流行的数字趋势。谷歌不断与数字艺术家合作，为其产品和服务制作创意插图。数字插图是讲述品牌故事、品牌情绪和品牌个性的方式，无须使用任何文字。移动应用程序和网站的 UI 设计中的数字插图有助于与用户建立情感纽带并提高他们的忠诚度。

②微交互

这些留在我们记忆中的小时刻，令我们对事物、事件和数字产品产生整体印象。微交互提供了将兴奋的种子植入产品 UX 中，并将其发展为令人难忘的数字体验的机会。它们为 UI 设计增加了动态性、交互性和直观性，让用户在等待网页加载时不感到无聊。通过有趣的上传界面、拉动刷新微交互界面、标签动画界面、导航微交互界面等，用户体验的每一刻都可以变得甜蜜而愉悦。

（2）深色模式

深色 UI 是 2020 年最热门的网页设计趋势之一。深色模式被认为是最佳 UX 实践之一，因为它可以最大限度地减少用户的眼睛疲劳，并有助于滚动应用程序或网站，提高眼睛的舒适度。

（3）新拟物风格

它是拟物化的一种新形式。按钮、布局、灯光、卡片和其他 UI 组件看起来就像现实生活中的对象。新拟物风格通过将物理元素和材料设计添加到平面 UI 范例中来模仿现实并为生活带来整洁的界面。作为现实生活的反映，新拟物风格将移动应用程序和 Web 解决方案转变为看起来像是我们生活一部分的数字体验。我们在表 6.1 中介绍了当前研究的重点。

表 6.1　重点文献综述的

作者和发表年份	提出的概念	研究重点
(Joo，2017)	设计趋势的变化、当下对 UI/UX 的理解和分析的评估以及移动 UI/UX 构建指南对主题的评估	设计的基本原则、线框和布局的重要性、研究过程
(Zhafirah et al，2019)	TCSD，可用性，使用基于设计原则的 Likert 系统调查和评估用户需求的问卷设计，研究方法，使用故事板、概念模型和线框，以用户为中心进行需求分析，用于分析满意度和易用性标准	关注线框、草图和块级设计的重要性，基于其他设计原则的分析、原型制作和原型评估
(Zhao, Gao et al，2012)	设计的一致性、可用性和效率，UI 研究方法论，可重用 UI 模型的集合，表示层框架的构建和基于 XML 的 UI 描述语言	关注用于吸引用户的服务层和效果以及遵循的设计趋势
(Fu.，2010)	移动端 UI 设计原理，通过产品确定目标用户和引导用户的流程，可用性和结构，交互和视觉设计	针对特定受众和提高参与度的指导方针
(Kristiadi, Udjaja et al，2017)	UI、UX 和游戏体验（GX）之间的区别，调查以找到目标受众，使用统计数据进行分析	铁拳游戏界面 UI/UX 及用户受众分析及对受众的影响
(Almughram & Alyahya，2017)	敏捷过程和以用户为中心的设计（UCD）、最少的设计和频繁的反馈、UX 设计师和开发人员的协调、UCD 相关活动、分布式敏捷环境中 UCD 活动的集成和敏捷项目管理工具	建议的系统的局限性，以增强敏捷过程与 UCD 的集成
(Weichbroth，2020)	可用性评估、可用性属性分析和数据收集方法	增加对鲜为人知的属性（如可记忆性、可学习性和错误）的度量的建议方法，更加注重简单性和易用性
(Fathauer & Rao，2019)	可访问性标准、敏捷开发流程	WCAG 指南和全面的布局反馈
(Brien，2010)	在线购物的用户参与度、享乐主义和实用购物动机量表、用户参与度量表和用户参与度属性	在线购物和平衡参与的整体方法
(Nurgalieva, Laconich et al，2019)	人口老龄化设计指南	来自老年观众的反馈，Likert 量表和要遵循的设计模型

续表

作者和发表年份	提出的概念	研究重点
（Goel & Goel，2016）	云的概念及其在电子商务中的使用、云服务模型、部署模型、硬件成本、后端和电子商务产品的建议模型	云的可扩展性、电子商务流行的云模型和其他直接和间接收入来源、云与应用程序的集成以及云服务在各类企业群体中的可负担性

6.4 使用的工艺流程和平台

6.4.1 工艺流程

在设计 UI 时，将根据软件的特性及其需求来定义使用软件的用户，即确认目标用户。用于开发产品的交互应强调产品各种可能的用户。例如，老年人可能会使用特定的字体样式，而年轻人可能会使用更现代的外观。

6.4.2 保持一致性

（1）设计元素的一致性

软件的外观需要在整个产品中保持统一。由于没有衡量它的标准，因此最好的方法就是接受用户反馈。

（2）互动一致性

个人用户体验的互动性必须在不同平台上保持一致。不同的事件引发不同的情绪。用户期望的交互应该与设计保持一致。

（3）减少学习

一致性限制了动作和操作的表示方式，确保用户不必为每个任务学习新的表示方式。此外，建立诸如遵循平台约定之类的设计规范，能够使用户无须学习全新的工具集即可完成新任务。

6.4.3 使用的平台

使用的平台是一个需要考虑的问题。

一段时间以来，转向基于云的计算（Bernal，Cambronero et al，2019）一直是常态。设计软件也观察到了这种迁移模式，这导致了基于云的应用程序（如 Figma）的流行。与多个备份一起，基于云的服务为数据提供了加密的安全性。这在本地服务器上并不总是可行的。此外，这些服务始终与业界的最新创新不相上下。这释放了设计者原本用于本地系统维护的时间。基于云的设计应用程序的主要创意理论可以为团队提供广泛的实时协作机会。现在，设计师可以专注于改进他们的设计，同时在过程中获得反馈。最近，Zomato（印度美食推荐平台）决定切换到 Figma 以满足其设计要求。考虑到最近出现的新的工作场所标准，像 Figma 这样基于云的应用程序允许用户从世界任何地方的任何设备访问他们的项目。这些由基于云的软件支持的开发带来了更丰富的创新、更高的效率和更好的可访问性，所有这些都共同改善了设计领域。

Figma 是一个在浏览器中运行的界面设计应用程序。它可能是团队协作设计类的最佳应用程序。Figma 提供了项目设计阶段所需的所有工具，包括能够进行全边缘插图的矢量工具，以及原型制作功能和代码生成以供移交。

我们在表 6.2 中展示了各种流行图形云建模语言的亮点（Varshney & Singh，2018）。

我们使用了 Figma。然而，作为当前工作的扩展，我们建议合并一些基于统一建模语言（UML）的图形化云建模语言（表 6.2）。

表 6.2 流行图形云建模语言的亮点

名称	简要说明	目标
CAML	（1）它描述了适合部署的 UML 中基于云的拓扑。 （2）它考虑应用程序的虚拟部署目标和组件	IaaS, PaaS, SaaS
MULTICAP	（1）它基于一个独立于云提供商的潜在客户。 （2）基本设计在 UML 中执行。 （3）除了将多云应用程序设计为软件构件外，还提供了其他原型（允许使用 QoS 参数进行注释，例如响应时间）。 （4）它避免了云供应商的锁定	IaaS, PaaS, SaaS
TOSCA	（1）它的特点是可移植的自动化部署。 （2）它强调对部署在云上的应用程序的自动管理	IaaS, PaaS, SaaS
MOCCA	它将现有软件迁移到云环境	IaaS, PaaS, SaaS

此外，对于当前工作中基于任务更新的调度，我们建议结合服务质量（QoS）特性来促进调度优化。一些值得考虑的特性包括：执行成本、截止日期和执行时间。我们提出了新的向量评估粒子群优化技术（Zhang，Liao et al，2017），该技术存在两个群（每个群针对一个目标），从而产生更好的集体解决方案集。

6.5 计划工作

6.5.1 研究目标

- 无须学习使用任何新工具，即可轻松浏览产品。

- 一个可以快速发布任务的平台。
- 保存任务以供以后使用的选项。
- 可根据需要随时删除任务。

6.5.2 拟建项目

①重要功能

登录（注册）、发布任务、更新任务、搜索任务和添加朋友。社交媒体平台用于连接、共享信息，建立一个有相似喜好的圈子，表达情感，在各自的工作领域提升自己。UI 的设计目的是让人们的思维保持活跃。

②遇到的问题

- 这些平台主要不是为普通用户提问或回答用户问题而设计的。
- 提要可能包含与用户任务无关的视频和图像。
- 专门为回答用户日常生活中的查询而构建的应用程序并不多。

6.5.3 建议的解决方案和系统

（1）建议的解决方案

我们计划为 Hungreebee Technologies LLP 公司构建社交应用程序的 UI，这将帮助用户轻松快速地获得其他知识达人的回答。这有助于将收集的所有答案保存在一个地方。Hungreebee Technologies LLP 是一家旨在为活动提供优质餐饮服务的初创公司，目前正在扩展到其他领域，如家常食品和餐厅食品的配送。它是印度最大的餐饮聚合平台之一。他们的目标是为活动用户提供丰富的餐饮体验。

（2）拟定系统

该系统将为我们提供一个克服上述问题的社交媒体平台。该系统是基于任务和更新设计的。用户发布一个被称为任务的问题，圈中的任何人都可以回答它，即更新（取决于用户在账户中打开的隐私）。

例如，一个用户想知道如何在浦那获得出生证，并发布了一个任务。用户将其位置定位于浦那。作为平台一部分的用户将对其进行更新。浦那的用户更有可能回答这个问题。用户将在热门话题页面上提供更新，在该页面上可以发布任务和更新。区分任务和更新将有助于用户一目了然地查看更新。社交媒体主要用于休闲，但这里的情况并非如此。它是一个基于知识和信息的平台，其维护隐私的模式如下所述。

有两种模式可以更新任务。

①专用模式

在此模式下，发布的任务将仅显示给用户的朋友圈，并且只有他们可以更新任务。

②公共模式

在此模式下，每个人都可以看到任务，但可以选择限制其他用户更新。

一旦用户获得发布任务的信息，他们可以切换到一个设置，该设置将不允许对该特定任务进行更多更新，但是其他关注者可以读取已经存在的更新，并且根据所选的模式，用户可以从用户配置文件中隐藏该任务、删除该任务，或者对评论设置限制。

在可单击的原型中，系统提供了一个导航栏，可以从中访问功能，例如：主页、通知、任务搜索和趋势任务页面。

6.5.4 研究方法

许多研究人员都谈到了整合 UCD 任务的重要性，以及提高服务或商品可用性的快速方法（Fu，2010）。他们已经解决了两个周期之间的相似性问题，这赋予了其整合能力。两者都以人为中心（Kristiadi，Udjaja et al，2017）。

创建 UI 所遵循的设计过程（Lowry，2019）如下所示。

- 首先是通过调查科学论文和文章进行深入研究。这包括使用各种不同的方法对人们进行调查。识别研究样本空间的方法有很多。收集数据的对象是大学生。在多次随机抽样后，研究确定了表示自愿参与这项研究的适龄青少年。对社交媒体的熟悉、对日常面临的各种实时困难的认识是选择这些研究对象的主要原因。最初，研究确定了其中 60 名学生，但由于在进一步检查中发现的因素，即：收到的数据错误、对参与缺乏兴趣以及缺乏足够的背景知识，因此最终选择了 30 名受访者参与研究。样本包括 60% 的男性和 40% 的女性。研究（Kristiadi，Udjaja et al，2017）对这 30 名受访者进行了概念验证，预计这一数字将在未来的实验中逐渐增加。

- 根据上述调查期间收集的输入中，用分析工具提取了合适的数据。此外，“词云”是使用 R 语言编程开发的。这是为了解释用户喜欢什么以及可以观察到什么趋势。这些工具删除了停用词，从而有助于关注提供洞察力的词。为了帮助用户构建人物角色，该研究开发了一个亲和力图，其中调查作为所问问题的输入，产生的想法作为可能的解决方案。这些都写在便笺上，之后贴在白板上，然后将其分组，并在头脑风暴会议中形成适当的新类别。由此构建的人物角色提供了用户特征的概念，使他们成为目标用户，从而有助于识别用户群。头脑风暴会议除了提供功能的优先顺序外，还帮助区分对应用程序至关重要的功能。

● 然后，团队成员思考了在头脑风暴会议期间发现的问题的可能解决方案。这有助于指导和约束设计和原型阶段。

● 经过广泛调查，人们发现，Figma 是理解设计基础的最佳平台之一。后者提倡范式转变，将思维从认为“设计是理所当然的”转变为理解“为什么设计是这样的”。除了美学，Figma 还展示了如何建立直觉思维。像 Dribble 这样的设计平台也被常用来创建社区、提出设计问题和进行研究。完成这些任务后，团队设计了应用程序的基本草图，并确定了模块。确定了产品流程，并绘制了线框，搭建起信息架构，最后添加了视觉效果和一些额外的细节。

● 第一次迭代中交付的原型在用户流中测试，并进行了改进以消除任何错误。在充分的头脑风暴和想法开发之后，团队对原型进行检查，直到它看起来没有错误。

这些 UCD 和敏捷过程结合在一起，可以提供满足客户需求的优秀结果。虽然这些产品需要在每个迭代周期后进行测试，但这些测试提供了一些关于用户希望产品如何改进的最佳见解。一般来说，很多人都会使用直接且功能符合预期的产品。在这种产品设计的独特情况下，系统可用性在为客户提供高质量外观方面发挥了重要作用。可用性是对系统与客户活动和使用愿景之间的交叉点的分析。由于许多产品项目被认为不足以满足客户的需求，因此人们对易用性进行了仔细考虑。自 1991 年以来，许多可用性定义已经被一些研究人员标准化，如维克布鲁姆（2020）。ISO/IEC 25010 中的一些定义目前仍在使用，这些定义将可用性描述为特定用户可以使用系统（产品）的程度，以实现特定目标以及特定使用环境中的效率、有效性、满意度等特性（Fathauer & Rao，2019）。

当前工作中进行的调查是基于戈尔的研究（Goel & Goel，2016）中提出的模型。该产品的主要目的是能够以一种即使不是该领域专家的用户也可以广泛使用该产品的方式为目标受众提供服务。为了达到这一目的，开发人员必须在产品设计过程中评估许多原则。针对用户体验部分，开发人员需要考虑各种特征，因为它们可能会产生巨大的影响，即：

- 根据用户需求或主要目标设计产品。
- 产品限制和能力。
- 产品信息架构、美学和表面外观。
- 产品用途。

为了识别用户的需要和需求，TCSD 在提供初始步骤方面非常有帮助。步骤如下：

- 识别：找出用户在所选领域面临的问题，将其转换为任务，并提供问题描述。
- 以用户为中心的需求分析：决定是保留还是放弃分析结果。
- 场景设计：系统设计和系统所需数据以模拟的形式呈现。
- 最终评估：完成系统设计。

研究团队编制了一份调查问卷，以评估要求和首选组件的类型。为了扩展需求，团队使用了 Likert 量表。该量表可与评分量表互换使用。Likert 量表是一种用来量化一个人或一类人的心境和观点的量表。对问题的回答和反馈将提供对某个组件的同意或不同意程度。Likert 量表可以有奇数个或偶数个可用选项。它通常具有以下格式：

- Score 1：强烈反对
- Score 2：不同意
- Score 3：中立
- Score 4：同意
- Score 5：强烈同意

有时，人们也会使用 4 个或 6 个等级来代替 5 个等级，迫使人们不要选择中立选项。后者已用于分析每个组成部分。因此，在进行研究的各个阶段都会涉及这种反馈。我们使用的格式是：

- Score 1：强烈反对
- Score 2：不同意
- Score 3：同意
- Score 4：强烈同意

6.6 实验结果

本节介绍了模型和演练评估。

6.6.1 识别和观察

（1）问题的研究和识别

由于缺乏适当的资源，人们在日常生活中有时难以完成工作，这会导致长时间的在线搜索无效提问，继而浪费时间。团队提出了一种方法，即分享平台的概念，在平台上，他们可以直接和集体地提出问题并获得答案。团队采访了 30 多人。根据这些响应我们开始了设计过程。

（2）用户标识和目的

用户的目标是能够在几天内完成工作。为此，一个具有易于理解的界面的平台将有助于引导用户浏览产品并发布他们的查询。信息将由不同群体的人提供，随后任务将迅速被完成。目标受众是来自不同群体、有各种日常任务的人。

（3）转化为目标和目的

这一过程会考虑目标受众的困难，并检查适合 UI 的功能，引导用户浏览产品，同时协助信息收集过程。

（4）变量的推导

接口中使用的组件将被分类为用于测试目的的变量。在测试中，UI 维度如表 6.3（a）所示。后文中的表 6.5 提供了各模块及其说明。此外，每个变量将根据特征按数字（1、2、3 和 4）排序。在测试用户体验时，有两个维度基于使用调查问卷的可用性方法，该问卷将给出一个变量，如表 6.3 所示。表 6.3（a）、表 6.3（b）和表 6.3（c）分别显示了测量维度、

UI 得分分配和 UX 得分分配。

表 6.3 为分数分配制定的各种表格

(a) 测量维度		
序号		尺寸
1	UI	排版
2		明显的差异
3		规模
4		颜色
5	UX	有用性
6		易用性
(b) UI 得分分配		
分数		分数解释
1		非常不满意
2		不满意
3		良好
4		太好了
(c) UX 得分分配		
分数		分数解释
1		非常无用 / 非常困难
2		无用 / 困难
3		中立的
4		有用 / 简单
5		非常有用 / 非常简单

（5）问卷设计

①研究调查

- 调查对象是根据姓名、年龄和职业确定的。
- 他们被问及在互联网上搜索信息有多困难，获取所需信息和做出决定需要多长时间，他们需要多久在互联网上搜索信息才能完成工作，以及亲戚、朋友和邻居在这一过程中是否对他们有帮助。

- 除此之外，他们还被问及是否愿意选择一个完全基于此的平台，而不是社交媒体应用程序，以及这是否对他们有帮助。

②实体模型测量

- 在准备好模型后，在线框过程之后，同样的受访者被要求对模型UI进行审查。

- 受访者被告知根据为其创建的原型做出回应。根据推导出的变量，调查要求受访者对UI模块进行评分。

（6）问卷数据处理方法

由于调查问卷没有中性标度的选项，因此受访者被迫选择其中一个极点。问卷以Likert量表为基础，包含积极的问题。调查根据为变量分配的分数，通过收到的反馈计算统计数据。分数1表示该维度的最小值，并且在UX中不断增加到4。得分5表示UI中变量的最大值。最低值表示无用或非常困难或非常不满意。以下仅为调查的第二部分。

提供的选项总数 = 提供的选项数量 =5

区间范围 =100/ 总间隔数

=100/4 = 25 = Likert

因此，分配给维度的分数可以按照以下方式理解：

- 得分 0% ~ 25% = 非常无用 / 非常困难 / 非常不满意

- 得分 26% ~ 50% = 无用 / 困难 / 不满意 / 罕见

- 得分 51% ~ 75% = 有用 / 简单 / 满意 / 经常
- 得分 76% ~ 100% = 非常有用 / 非常容易 / 非常满意 / 非常频繁

这意味着可能的最低分数 = 选择备选方案的受访者总数 1 × 25%

同样，可能的最高得分 = 选择备选方案的受访者总数 4 × 100%

得分解释 = 计算总分 ÷ 受访者总数

因此，总分将始终在 25%（最低）到 100%（最高）之间。

每个维度和每个页面生成相应评估值的规则是：

X_1= 变量 1 的得分 × 选择备选方案 1 的受访者人数

X_2= 变量 2 的得分 × 选择备选方案 2 的受访者人数

X_3= 变量 3 的得分 × 选择备选方案 3 的受访者人数

X_4= 变量 4 的得分 × 选择备选方案 4 的受访者人数

因此，总分 = $\sum X_i$

要了解特定页面的特定功能的亲和力，请执行以下操作：

总分 ÷ 受访者总数 = $\sum X_i \div 22$

查找 X 和 Y 的值

- Y= 最高得分 Likert × 受访者人数（得分 4）“注意权重值”
- X= 最低分数 Likert × 受访者人数（最低分数 1）“注意权重值”

指标 % 公式：（总分 ÷ Y）× 100%

（7）问卷调查结果

①研究调查结果

由于上半年设计的问题以饼状图的形式呈现，由此调查推断出一个可靠的结论，即尽管在互联网上搜索信息可能更容易，而且可能需要一两天才能得出结论，但人们还是更喜欢在一个平台上发布他们的查询，这个平台完全是为他们服务的，因为它可能会帮助他们节约时间。22 人接受了采访。据统计，8.8% 的人觉得从网上搜索信息非常难，29.4% 的人认为很难。尽管大多数人（38.2%）表示从网上搜索信息很容易，但人们更希望有一个平台来发布他们的查询，因为人们主要依靠互联网搜索来完成工作，而不是靠朋友、亲戚或邻居。23.5% 的人表示，做出决定所需的时间并不多，44.1% 的人需要一到两天的时间。问卷数据的详细结果分析如图 6.2 所示。

（a）搜索信息的难度。

（b）优先考虑亲戚、朋友、邻居的信息。

（c）做出决定所用的时间。

（d）查询过账平台的首选项。

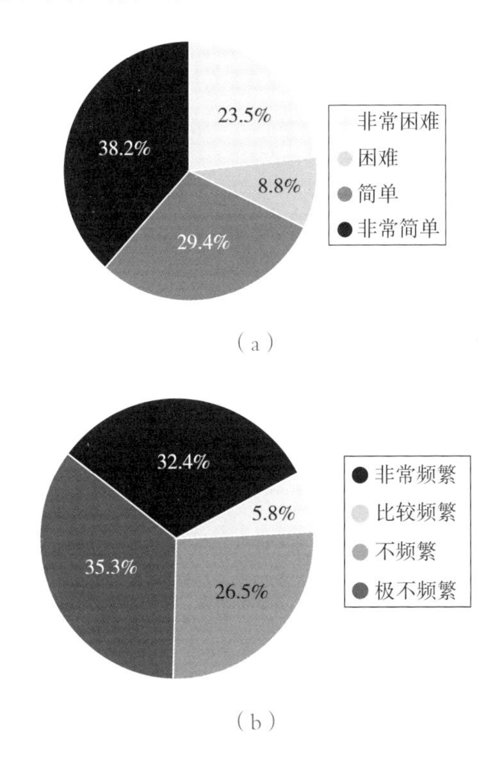

（a）

（b）

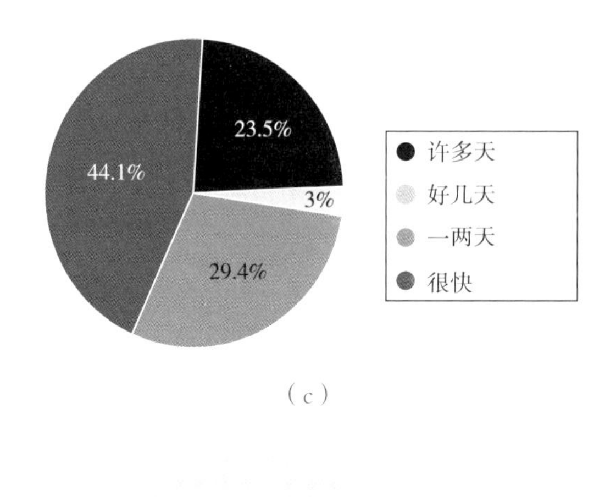

（c）

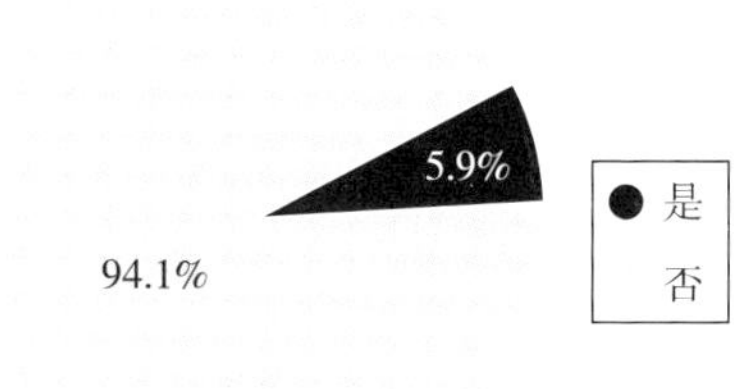

（d）

图 6.2　问卷数据的结果分析

②实体模型的测量结果

调查结果见下表。结果基于 22 人的调查，如表 6.4 所示。

表 6.4　基于排版、对比度、比例和颜色的平均结果（单位：%）

序号	页面	受访者选项				分数解释 (%)
		1	2	3	4	
1	启动屏幕 1	6.65	22.82	23.91	46.74	77.74
2	启动屏幕 2	6.52	22.83	28.26	42.39	76.63
3	登录	5.43	20.65	27.17	46.74	78.80
4	注册	6.52	20.65	25.00	47.83	78.53
5	验证	7.61	23.91	23.91	44.57	76.36
6	步骤 1：个人详细信息	4.35	26.09	22.83	46.74	77.99
7	步骤 2：添加证书	4.35	28.26	23.91	43.48	76.63

续表

序号	页面	受访者选项				分数解释(%)
		1	2	3	4	
8	步骤 2：配置文件图片	4.35	25.00	28.26	42.39	77.17
9	步骤 3：添加朋友	6.52	25.00	26.08	42.39	76.08
10	配置文件（主页）	4.35	23.91	23.91	47.83	78.80
11	搜索 / 更新	4.35	21.74	27.17	46.74	72.28
12	趋向	5.43	20.65	27.17	46.74	78.80
13	通知	4.35	21.74	25.00	48.91	79.62
14	发布任务	3.26	21.74	30.43	44.57	79.08
15	保存的更新	4.35	19.56	26.09	50.00	80.43
16	发现联系人	5.43	18.48	28.26	47.83	79.62

6.6.2 以用户为中心的需求分析

（1）画面分镜

用户将参与该产品，直到他实现了自己的目标。从用户那里提取的需求将形成产品的目标。用户的主要需求包括发布、搜索和更新任务；次要目标或不太重要的要求是：能够保存更新、查看任务或更新的信誉、保存收到的更新、否决票等。在开始使用产品之前，用户必须登录或注册以在平台上生成配置文件。成就部分显示了对一个人资质的部分验证。大多数情况下，主要目标以底部导航栏的形式提供给用户。

（2）概念模型

此阶段基于画面分镜的前一阶段。概念模型的目的是以纸质原型形式线框设计的形式协助设计阶段。表 6.5 给出了开发网站时使用的概念模型以及模块描述。

移动应用程序的整个平台已划分为不同的模块。有介绍性模块，简要介绍应用程序。新用户必须登录或注册。新用户将通过 CAPTCHA（验证码）和 OTP（一次性密码）进行验证，继而生成用户的配置文件。您可以发现更多的组和用户检查其保存的更新，并删除任务或隐藏任务。每个页面都提供了底部导航栏。导航栏便于访问。配置文件是主页。用户可以直接转到热门话题页面发布或更新任务。用户可以投支持票，投否决票。单击钟形图标可以查看新通知。

表 6.5　模块说明

序号	页面	组成部分	细节
1	启动屏幕 1 和启动屏幕 2	状态栏 标题 插图	包含当前时间、网络可用栏、WIFI 信号强度、电池 包含简短的介绍行 包含描述产品以及介绍行的图形
2	登录	按钮 状态栏 覆盖布局 输入字段 按钮	包含“跳过”和“下一步” 包含空白背景以容纳其他组件 包含两个输入字段，一个用于用户名，一个用于密码，图标分别表示用户和锁，占位符文本 包含登录按钮、登录 / 注册按钮面板
3	注册页面	状态栏 覆盖布局 输入字段 按钮 图标	包含姓名、性别、生日、手机号码、恢复电子邮件地址、用户名、密码、确认验证码文本区域、顶部标签、占位符文本、数字和文本下拉列表的输入字段 包含登录 / 注册按钮面板、“保存并继续”按钮、“创建”按钮 包含刷新、声音、帮助图标
4	验证页面	状态栏 覆盖布局 插图 标题 潜台词 输入字段 按钮	包含提醒接收 OTP 的图像 包含文本“验证” 在验证标题下包含标题并重新发送邮件 包含 OTP 编号的空白破折号 包含验证按钮

续表

序号	页面	组成部分	细节
5	已验证页面（延迟）	状态栏 覆盖布局 标题 副标题 插图 注册	包含文本“已验证！” 包含用户已加入平台的文本 包含显示成功的图像 包含显示成功注册的图像
6	配置文件信息页面（步骤1）	状态栏 覆盖布局 导航栏 输入字段 隐私选择器 按钮	包含所有3个步骤，个人信息显示在个人资料上，上传个人资料图片，在网络上查找联系人 包含个人信息，如当前教育、工作、实习、毕业详细信息以及当前城市及其标签 用于选择个人信息隐私度的下拉列表，由世界图标指示 包含“跳过”和“保存并继续”按钮
7	个人资料图片页（步骤2）	状态栏 覆盖布局 导航栏 上传区域 固定文本 按钮	包含上载图像将显示的区域，以及显示当前上载图像数的加号 包含请求上载证书、成就的文本 包含上载按钮（“上载”），跳过步骤保存并继续
8	个人资料图片页面（上传成就步骤2）	状态栏 覆盖布局 导航栏 上传区域 固定文本 按钮	包含用户上传图像将显示的区域 个人资料图片 包含上载按钮（“上载配置文件图片”），跳过步骤保存并继续
9	查找朋友	状态栏 覆盖布局 导航栏 配置文件 按钮	包含用户的配置文件图片和配置文件名称以及“添加”和“删除”按钮，用于从网络中添加或删除它们 包含跳过该过程的按钮
10	个人资料	状态栏 覆盖布局 个人资料图片 配置文件标题 个人信息 成就 最近的活动 按钮 底部状态栏	包含供用户添加配置文件图片的空间和添加图片的加号图标 包含配置文件名称、配置文件状态和编辑配置文件按钮 包含有关用户教育的详细信息及其图标 包含文本“成就”以及一个图标，以图像的形式识别个人用户的成就和有关个人用户成就的信息（主要用于衡量用户的验证程度） 包含标题“最近的活动”以及标识该活动的图标、潜文本、已形成网络中最近发布的任务以及已更新该任务的人员 在配置文件标题中包含配置文件编辑，汉堡图标按钮 包含显示主页、搜索、趋势和通知的图标

续表

序号	页面	组成部分	细节
11	侧页	状态栏 覆盖布局 个人资料图片 配置文件标题 按钮 底部状态栏	包含配置文件名称和配置文件状态，并查看您的配置文件选项按钮 包含诸如发现联系人、发现组、保存的更新、设置和隐私、帮助和支持以及注销等功能
12	发布任务 / 更新任务页面	状态栏 覆盖布局 个人资料图片 配置文件标题 过账任务框 功能集 按钮 底部状态栏	包含人们以前发布的任务，以及他们的配置文件名称、配置文件图片、位置（如果启用）。由一组功能组成 每个任务和更新都包含由图标表示的向上投票、向下投票、查看和转发的常见功能。此外，任务包含回复功能，更新包含由图标表示的保存功能 汉堡图标按钮
13	发布任务页面	状态栏 搜索栏 任务区域 输入字段 按钮 底部状态栏	包含用于搜索更新的文本字段搜索 由主题标题和编写任务区域组成 包含下拉列表、按钮选择和多个功能选择，用于在发布任何任务之前禁用人员的任何功能 按钮包括贴图、上传图像（用图标表示）、检测位置（如果设置为“开”，则相应消息“已激活”）和汉堡图标按钮
14	按关键字搜索 / 更新页面	状态栏 搜索栏 趋势分析任务 按钮 底部状态栏	包含网络中已发布的所有任务、新发布的任务的列表、配置文件图片和名称、任务文本的初始部分 汉堡图标按钮
15	通知页面	状态栏 搜索栏 通知栏 按钮 底部状态栏	包含已向上投票、向下投票、查看、转发、保存、回复任何任务或更新的配置文件名称和图片

6.6.2.3 线框

图 6.3（a）~（g）细说明了我们开发的实际线框。

（a）登录页面的线框

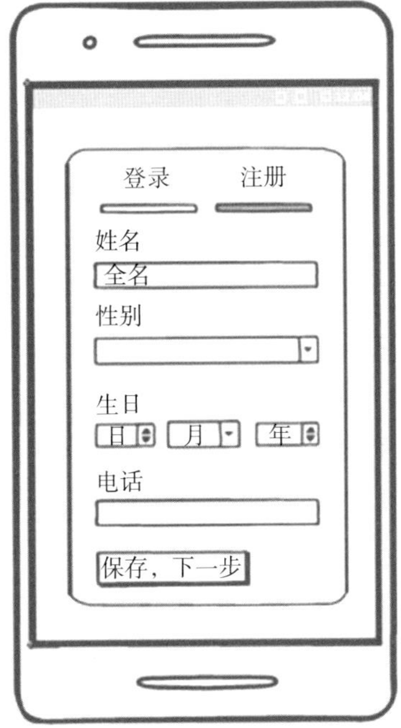

（b）注册第一步页面的线框

（c）注册页面的线框

（d）步骤1的线框

（e）步骤2的线框

（f）发布任务页面的线框

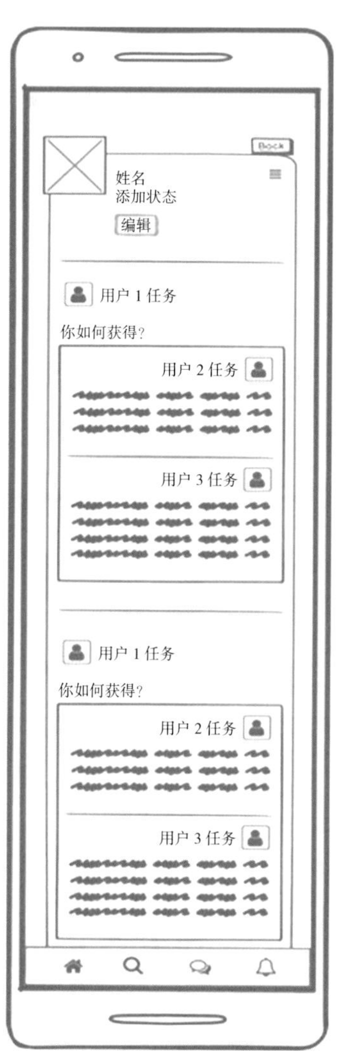

（g）保存更新的线框

图 6.3　实际线框

6.7 设计和分析

6.7.1 设计

这是前两个介绍性页面，每个页面上都有插图。插图的设计应能对产品进行简要描述。为“下一步”和“跳过”按钮添加效果。单击后，它将在延迟页面中高亮显示几毫秒。图 6.4（a）~（d）展示了我们开发的真实屏幕截图。

表单顶部提供了一个按钮面板。Smart Animate 用于显示在选择“注册”时，令面板向其滑动。注册页面需要提供必要的详细信息以及几个字段和手机号码的下拉列表，以便在稍后阶段进行 OTP 验证以及在可点击的原型中注册用户。

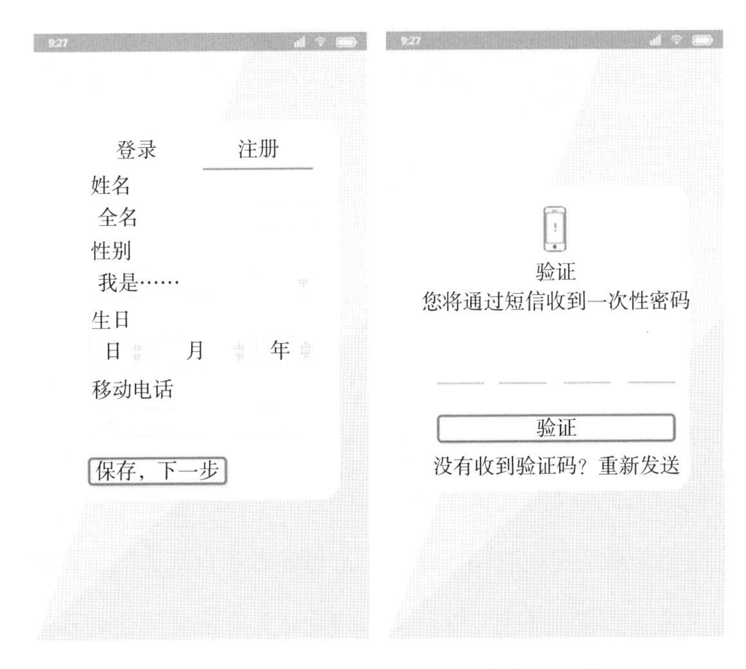

（a）注册页面　　（b）OTP 验证

（c）步骤 3：查找人员　　（d）侧页

图 6.4　真实屏幕截图

按钮具有 #000000 的彩色阴影，具有 25% 的可见性，在 3 个单位的横轴和 4 个单位的纵轴上具有 6 个单位的模糊功能。单击按钮时，按钮的颜色会改变。为按钮提供阴影，以将其与平面进行区分。

主注册页面后面是一封恢复电子邮件，以防用户忘记账户的用户名或密码。页面提供了一种基于文本的验证码，这是一种用于计算的质询 – 响应测试，用于确定用户是否为真人。许多垃圾邮件发送者会轰炸评论部分，以提高其网站的点击率，并提高其搜索引擎排名。这些评论与帖子无关。这会使应用程序处于危险之中。CAPTCHA 通过只允许真人发表评论来帮助您避免这种情况。它用于区分人工访问者和自动访问者。测试要求您重新键入无序的文本序列。这种类型的测试为有视觉障碍和其他类型验证码有问题的用户提供了一个很好的选择，主要缺点是这种验证码很容易被机器人破解。

页面右侧提供了带有刷新、声音和帮助等图标的按钮。刷新的目的是在用户无法使用该验证码时引入新的验证码；声音按钮将读出验证码是什么；如果需要，帮助按钮将提供进一步的帮助。

注册后，系统通过 OTP 验证用户。图 6.4（b）显示了从用户处获取输入的页面。如果 OTP 尚未到达，则单击“重新发送”。这一按钮在屏幕底部显示。验证用户后，系统将向用户显示一条消息，显示注册成功。几秒钟后，信息会滑到“个人详细信息”页面。

配置文件创建过程中有 3 个步骤。第一步是用户填写一份有关教育和其他学术相关领域的个人详细信息表。所有这些信息都可以保密。一个下拉列表将用于限制人们查看此信息。页面提供了一个从步骤 1 跳到步骤 2 的按钮。它将首先确认用户是否要跳过该步骤。如果跳过，用户将丢失这些输入字段中提供的所有信息。如果不跳过，用户可以保存并继续。步骤 2 分为两部分。首先，它会询问用户是否想要上传任何成就，然后会要求用户上传个人资料图片。生成的配置文件也是主页。用户可以跳过此过程，或者用户可以通过提供信息并单击“保存并继续”按钮继续。最后一个步骤是用户可以从其网络中添加或删除当前在平台上的人员。

第 2 步被认为更重要，因为它需要用户上传他们的成就和个人资料图片。页面可以显示上传的认证文件的数量。然而，为了迎合更广泛的受众，也可以跳过步骤 2。

步骤 1~3 中提供的所有信息都有助于创建概要文件。配置文件在用户名称下方有一个编辑选项按钮。个人详细信息与剩余页面隔开。用户自己可以完全查看此部分，但根据用户在填写表单时设置的隐私程度，其他人可能无法查看此部分。接下来是成就部分，用户必须在那里上传证书。这可以在以后开发成一个原型，在这个原型中，该部分可以用作用户得到验证的标志。如果用户跳过了此步骤，则“成就”部分将为空。

每个图标将指向不同的部分。主页图标用于配置文件，搜索图标用于搜索任务，写入图标用于平台上的最新和热门话题任务，通知铃上有新通知的数量。修复导航栏非常常见，因为用户无须滚动到提要的末尾即可访问导航栏。这有助于滚动展示，就像在其他社交媒体平台上一样。所有图标均取自插件“Material Design Icon”。它包含矢量形式的现成图标。矢量网络是 Figma 中最独特的功能之一。大多数画笔工具以定义的方向在循环中绘制路径，总是希望重新连接到其原点。矢量网络没有方向，可以在不同方向分叉，而无须创建单独的路径对象。

用户只能查看公开的内容。所有这些都是后来添加到原型中的。在汉堡菜单中，单击“保存”按钮可以查看保存的更新。系统还保存了相应的任务，以节省用户返回和阅读任务的时间。发布任务的用户以及用户当时保存的更新与更新人员的姓名一起保存在此处。用户完成任务后，可以删除这些更新。一旦删除，其余的更新将向上滑动。所有更新都保存在一个矩形中，以便用户可以整体查看所有更新，并与任务分离。勾选复选框可以删除多个任务。删除之前，页面将询问用户是否确定要删除它们。单击“是”，任务将被删除。选中的任务将突出显示，并在选择任何一个任务时出现“垃圾箱”图标。

接下来是底部导航栏中的搜索按钮。搜索页面包含搜索引擎，用户可以使用任务中使用的关键字、汉堡菜单和刚刚发布任务的人员列表来搜索特定任务。未读的以 #FFF3F0 颜色突出显示，已读的以 #FEF9DE 颜色显示，均使用一定百分比的透明度。已发布的人员列表将显示在左侧，包括个人资料图片以及加粗的姓名，以强调发布的用户，最后页面在其个人资料名称和个人资料图片下方以浅灰色显示任务，以吸引用户去阅读，而不是让其不完整。通知页面与搜索页面非常相似。这里增加的区别是另一个用户使用的操作及其相应的图标。该列表包含用户对任务或更新进行的投票情况或查看、更新用户的任务记录、保存用户的更新或转发用户的任务或更新的人员。

6.7.2 实体模型调查 UI 分析

表 6.6（a）~ 表 6.6（d）详细分析了每个功能的 UI 和权重。

表 6.6（a） UI 详细分析

序号	属性	平均得分
1	排版	87.27
2	对比度	73.19
3	比例	77.72
4	颜色	74.93
总体平均得分		78.28

表 6.6（b） 产品总体满意度

单位：%

序号	属性	受访者选项				平均分
		1	2	3	4	
1	对产品设计的满意度	0	4.2	29.2	66.7	90.7
2	对其工作方式的满意度	0	0	16.7	83.3	95.82

续表

序号	属性	受访者选项				平均分
		1	2	3	4	
3	对图标放置的满意度	0	4.2	16.7	79.2	93.82
4	对产品所提供特性的满意度	0	4.2	8.3	87.5	95.82
5	我会把它推荐给朋友	0	0	16.7	83.3	95.82
全部平均值						94.4

表 6.6（c） 易用性

单位：%

序号	属性	受访者选项				平均分
		1	2	3	4	
1	它很容易使用	0	0	25	75	93.75
2	它使用起来很简单	0	0	20.8	79.2	94.80
3	它是灵活的	0	4.2	16.7	79.2	93.82
4	它需要尽可能少的步骤来完成我想用它做的事情	0	0	16.7	83.3	95.82
5	我在使用时没有发现任何不一致之处	0	0	29.2	70.8	92.70
全部平均值						94.18

表 6.6（d） 有用性

单位：%

序号	属性	受访者选项				平均分
		1	2	3	4	
1	这有助于提高我的工作效率	0	0	33.3	66.7	91.67
2	它帮助我更有效地工作	0	0	33.3	66.7	91.67
3	它使我想完成的事情更容易完成	0	0	29.2	70.8	92.7
4	使用它可以节省我的时间	0	0	33.3	66.7	91.67
5	它满足了我的需要	0	0	20.8	79.2	94.8
全部平均值						92.50

6.7.3 对表6.6的观察结果

排版部分使用的组合完美地反映了品牌形象。主要使用的字体样式为Noto Serif和Khula，两者协调一致。为清晰起见，页面使用了最小字体样式。整体平均分较低是由于颜色和对比度部分。页面需要增加对比度，以使其更具可读性，并使重要信息可见。就颜色而言，它应该更倾向于冷色调的边缘。尽管如此，考虑到其功能、按钮、图标及其相应含义的易访问性，客户满意度很高。这些是易用性和有用性等因素的直接指示。这间接地表明，人们发现它不仅在想法或概念上有用，而且在功能和界面方面也有用。

6.7.4 验证此调查的可用性

在这一小节中，我们将概述当前调查的验证以及标准软件可用性的度量。可用性是以下指标的组合——可学习性、可记忆性、效率、错误和满意度。可用性是评估用户界面易用性的质量属性。这一步还提到了在设计过程中提高易用性的方法。

以下是一些启发式方法。这属于可用性设计，并应在当前工作中考虑：

- 一致性和标准。
- 错误预防。
- 认可而非回忆。
- 美学和极简主义设计。

从目前的工作中可以观察到，页面的一致性和美学的成就水平（90%以上）高于其他成就水平（70%以上）。这些都是基于对最终用户问卷的计算。

参考文献

Almughram and Alyahya, 2017. Coordination support for integrating user centered design in distributed agile projects [C]. IEEE 15th International Conference on Software Engineering Research, Management and Applications (SERA). IEEE, London, UK.

Barua, 2019. Gestalt Principles: Secrets of Hacking Human Brain by Design [EB/OL] (2019.9.30). medium.com/ ieeesb-kuet/ gestalt- principles- secrets-of- hacking- human- brain- by- design- 85401fe6880d.

Bernal C, Valero N, Canizares, 2019. A Framework for Modeling Cloud Infrastructures and User Interactions [J]. IEEE Access 7:43269– 43285.

Brien, 2010. The influence of hedonic and utilitarian motivations on user engagement: The case of online shopping experiences [J]. Interacting with Computers 22 (5) :344–352.

Cartwright, 2020. The Designer's Guide to Color Theory [EB/OL] (2022.11.25), Color Wheels, and Color Schemes blog.hubspot.com/ marketing/ color- theory- design.

Castiglione C, Nappi, Narducci, 2017. Biometrics in the Cloud: Challenges and Research Opportunities [J]. IEEE Cloud Computing 4 (4) :12–17, doi: 10.1109/MCC.2017.3791012.

Fathauer and Rao, 2019. Accessibility in an educational software system: Experiences and Design Tips [C]. IEEE Frontiers in Education Conference (FIE).

Fu X, 2010. Mobile phone UI design principles in the design of human-machine interaction design [J]. 11th IEEE International Conference on Computer-Aided Industrial Design & Conceptual Design, 1, 697–701, doi:

10.1109/CAIDCD.2010.5681254.

Goel, Goel, 2016. Cloud computing based e-commerce model［J］. IEEE International Conference on Recent Trends in Electronics, Information & Communication Technology（RTEICT）, Bangalore. 27–30, doi: 10.1109/RTEICT.2016.7807775.

Joo, 2017. A Study on Understanding of UI and UX, and Understanding of Design According to User Interface Change［J］. International Journal of Applied Engineering Research 12（20）: 9931–9935.

Kartit Z, Azougaghe A, Idrissi H K, El Marraki M, Hedabou M, Belkasmi M, Kartit A, 2016. Applying Encryption Algorithm for Data Security in Cloud Storage［J］. In: Sabir E., Medromi H., Sadik M.（eds.）, Advances in Ubiquitous Networking. UNet 2015. Lecture Notes in Electrical Engineering, vol. 366. Springer, Singapore. https://doi. org/10.1007/978-981-287-990-5_12.

Kopf. The Power of Figma as a Design Tool. 2020.www. toptal.com/designers/ ui/figma-design-tool（accessed 30 January 2021）.

Kristiadi D P, Udjaja Y, Supangat B, Prameswara R Y, Warnars H L H S, Heryadi Y, Kusakunniran W, 2017. The effect of UI, UX and GX on video games［J］. IEEE International Conference on Cybernetics and Computational Intelligence（CyberneticsCom）, Phuket. 158–163, doi: 10.1109/CYBERNETICSCOM.2017.8311702.

Kumar K, Deepa, 2016. Data privacy model for social media platforms［C］. 6th ICT International Student Project Conference（ICT-ISPC）.

Lowry T, 2019. Component Architecture in Figma, www.figma.com/ best-practices/ component- architecture/ .

Nurgalieva L, Laconich J J J, Baez M, Casati F, Marchese M, 2019［J］. A Systematic Literature Review of Research- Derived Touchscreen Design

Guidelines for Older Adults. IEEE Access 7, 22035–22058.

Soeegard M, 2020. Dressing Up Your UI with Colors That Fit. www. interaction- design.org/literature/ article/ dressing- up- your- ui- with- colors- that- fit.

Varshney S, Singh S, 2018. An Optimal Bi-Objective Particle Swarm Optimization Algorithm for Task Scheduling in Cloud Computing［J］. 2nd International Conference on Trends in Electronics and Informatics（ICOEI）, Tirunelveli. 780–784, doi: 10.1109/ICOEI.2018.8553728.

Weichbroth P, 2020. Usability of Mobile Applications: A Systematic Literature Study［J］. IEEE Access 8: 55563– 55577 doi: 10.1109/ ACCESS.2020.2981892.

Yun Y D, Lee C, Lim H S, 2016. Designing an Intelligent UI/ UX System Based on the Cognitive Response for Smart Senior［J］. 2nd International Conference on Science in Information Technology（ICSITech）.

Zhafirah I P H, Karmilasari, 2019. Analysis and Design of User Interface and User Experience（UI / UX）E-Commerce Website PT Pentasada Andalan Kelola Using Task System Centered Design（TCSD）Method［J］. 2019 Fourth International Conference on Informatics and Computing, 1-8.

Zhang Y, Liao X, Jin H, Tan G, 2017. SAE: Toward Efficient Cloud Data Analysis Service for Large-Scale Social Networks［J］. IEEE Transactions on Cloud Computing. 5（3）:563–575, doi: 10.1109/TCC.2015.2415810.

Zhao M, Gao Y, Liu C, 2012. Research and Achievement of UI Patterns and Presentation Layer Framework［J］. Fourth International Conference on Computational Intelligence and Communication Networks, Mathura, 2012, 870– 874, doi: 10.1109/ CICN.2012.175.

第7章 基于人工智能的预测心脏病的高效混合分类模型

瓦萨里·巴韦斯卡（Vaishali Baviskar），
玛杜什·维尔玛（Madhushi Verma），
普拉迪普·查特吉（Pradeep Chatterjee）

7.1 引言

该模型从患者的健康数据记录中预测其心脏病发病情况，这些数据包括血糖水平、心率变化、体温水平、血压水平等，需要设计许多相互依赖的操作，以高效率协同工作。这些操作包括但不限于：

- 从人体采集数据，然后从中提取不同的参数，如心率模式、血压水平、血糖水平、甘油三酯水平等。这些参数被分离到不同的列表中，以便区分它们。
- 将采集到的数据提供给预处理单元，在其中执行不同的去噪和信号增强操作。这些操作提高了下一个单元的数据可靠性和可用性。
- 预处理后，数据将被传递到特征提取单元。本单元提取了不同的主要特征和次要特征。这些特征包括自主神经平衡、血压、气体交换、肠道、心脏和血管张力。特征提取单元负责确保不同类型的心脏病具有不同类型的识别特征。一种心脏病的特征需要与其他心脏病的特征具有最小的相似性，并且一种心脏病的特征需要与不同用户的同种心脏病特征具有最大的相似性。
- 这些特征被传递给特征选择单元，其中冗余或类似特征被从数据集中删除，并且仅将最大限度的变体特征保留在数据集中。

- 特征选择单元的输出将提供给分类引擎。此分类引擎负责找出特征集之间的差异，以将其分类为不同的心脏病类型。分类单元使用的算法如：神经网络、支持向量机、递归神经网络（RNN）等（Miškovic & Vladislav 2014; Masabo et al，2019）。

心脏病检测研究的很大一部分是针对特征提取和分类模块的。本章对不同分类方法进行了简要研究，然后探讨了基于机器学习分类模型的递归神经网络设计。当组合在一起时，这些分类方法被称为智能机器学习方法，因为它们使用以前训练的数据对不同的心脏病进行分类。下一节将展示用于心脏病分类的不同人工智能方法，这将使读者能够确定在分类器选择过程中遵循的最佳实践，并在他们各自的系统中加以采用。之后是基于递归神经网络的分类模型及其性能评估。本章最后以对拟议工作及其改进方法的一些敏锐观察结束（Fatma & Menaouer，2020; Kumar & Verma，2005）。

7.2 相关工作

对于心脏病预测，许多研究人员已经参与并贡献了基于人工智能的新型技术。他们还提出了几种机器学习和深度学习模型来提高心脏病预测的准确性。

7.2.1 用于心脏病预测的机器学习分类器

心脏是人类的核心器官。心脏相关疾病的预测和诊断需要较高的准确性、精密度和完善度。轻微的故障可能导致严重的问题，并可能导致患者死亡。许多人死于心脏病，并且死亡数字有所增加。为了解决这种情况，一个基本要求是准确的预测，以及时提醒患者有关疾病的信息。机器学习是一种实用有效的测试技术。这些技术是通过训练模型并使用相关数据集进行测试来构建的。机器学习是人工智能的一个分支，它包括模仿人类技能和能力的机器的广泛知识领域。从另一个角度来看，机器智能被用于训练机器，并帮助它通过利用单个和混合模型来学习处理数据。机器学习的概念是从正常配置文件中学习和获取参数，并使用生物（遗传）参数作为测试数据，例如性别、年龄、血压和胆固醇。与不同算法的各种参数相比，机器学习显示了良好的准确性水平（Haq，2018）。

对于根据患者的日常数据预测某些类型的心脏病发作事件，机器学习在人工智能中提供了突出的支持。如果医生能够提前准确地预测患者的心脏病发作时间，那么这将有助于患者采取行动避免进一步的后果。机器学习是一种有效的方法，它由训练阶段和测试阶段组成，该方法能应用各种类型的算法来满足确定患者是否有预测心脏病的必要需求。

图 7.1 给出了两种机器学习算法，即监督学习和无监督学习。对于心脏病预测，大多数研究人员都使用监督学习和无监督学习算法。

（1）监督学习

监督学习是基于输入 – 输出对的学习函数的机器学习任务。监督学习将输入和输出相互映射和分配。它从由一组训练实例组成的标记训练数据中确定函数。监督学习的主要目的是通过在新数据集上进行训练来预测输出。它需要监督和观察，以训练模型。它分为回归、支持向量机、决策

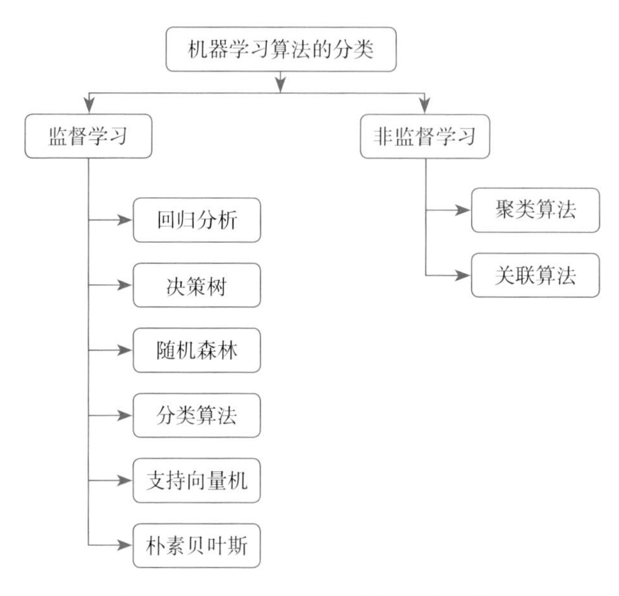

图 7.1　用于心脏病预测的机器学习算法

树、随机森林、朴素贝叶斯和分类算法。此模型生成精确的结果。在监督学习中，使用给定的数据集训练模型，只有这样才能预测准确的输出。它由决策树、线性回归、支持向量机、贝叶斯逻辑、多类分类等算法组成。如前所述，分类方法广泛用于医疗保健，因为这些方法和算法可以处理非常大的数据集。此数据集可以由数字、文本和图像数据组成。医疗保健中常用的分类方法是：人工神经网络、支持向量机、决策树、最近邻和朴素贝叶斯。具有分类技术的机器学习用于医学领域及其应用中的复杂测量。目前的分类方法为心脏病提供了更有效和智能的预测方法。许多研究表明，将算法与特征选择技术和其他算法相结合以生成混合模型有助于通过使用最佳特征集进行正确地预测。

（2）无监督学习

无监督学习方法使用未标记的数据。它被定义为没有任何指导或老师的学习过程。它自动并反复地处理给定的数据集，发现关系和模式，并根据生成的模式，在分配新数据集时查找并分类关系。它是建立在“自给自足”模式概念之上的。最初，在无监督学习中，只有输入数据集会被交付给模型。无监督学习的主要目的是探索未知数据集中隐藏的模式。它不需要监督和观察来训练模型。无监督学习分为关联和聚类两种类型。随着训练，它日复一日地学习，通过自己像小孩子一样的经验，与监督学习相比，这个模型可以给出不太准确的输出。它由许多算法和方法组成，如聚类、K- 近邻算法和 Apriori 算法（Miao & Miao，2018）。

表 7.1 显示了应用于常用的心脏病参数数据集（即 UCI 存储库中的克利夫兰数据集）时，针对训练和测试准确性的各种监督和无监督算法评估。对于 Python 编程的实现，Anaconda（Spyder）发行版是可以使用的最佳工具，因为它包含许多头文件和库类型，可以生成正确的预测结果，使工作更加精确和准确。

表 7.1　用于心脏病预测的克利夫兰数据集上的机器学习和深度学习分类模型

心脏病预测的机器学习和深度学习分类算法	准确率（%）	精度（%）	召回率（%）	*F* 值（%）
支持向量机（线性）	85.71	84.09	86.04	85.05
朴素贝叶斯	78.02	76.74	76.74	76.74
决策树	79.12	77.27	79.06	78.16
随机森林	81.31	82.50	76.74	79.51
逻辑回归	82.41	80.00	83.72	81.81
K 近邻	80.21	83.33	80.00	81.63

续表

心脏病预测的机器学习和深度学习分类算法	准确率（%）	精度（%）	召回率（%）	*F* 值（%）
XG Boost	82.41	81.39	81.39	81.39
多层感知机	72.52	70.45	72.09	71.26
深度神经网络	80.21	83.33	80.00	81.63

7.2.2 用于心脏病预测的深度学习分类模型

对任何患者的心脏病风险预测都是使用深度学习算法进行的。每当将具有高维数据的大量患者信息作为数据集输入时，模型就会应用深度学习，并生成准确的预测结果。在深度学习中，模型是直接从图像和文本中训练的。对于庞大的标记数据集，模型会使用多层神经网络架构（Bashir et al，2017）。在医学研究中，深度学习需要很少的处理步骤，因为它经历了归一化和过滤的各个阶段。我们已经实现了深度学习混合预测模型，用于准确预测患有心脏病的患者。我们提出了递归神经网络和长短期记忆网络（LSTM）的组合预测模型。该混合预测模型的准确率达到 96%（Miao & Miao，2018; Baviskar & Verma，2021）。

各种研究人员使用基于人工神经网络、卷积神经网络和递归神经网络的几种深度学习技术来处理心脏病的准确预测问题（Kopiec & Martyna，2011; Kumar & Inbarani 2015; Xiao et al，2020; Mohan, Thirumalai & Srivastava，2019）。

卷积神经网络主要用于处理具有各种图形数据特征的心电图图像。递归神经网络和长短期记忆网络是使用固定大小的输入和输出向量构建的渐进式、前进式和后进式思维神经网络。

哈克等人使用了 7 种众所周知的机器学习算法、交叉验证方法，3 种特征选择算法以及其他评估指标来评估分类模型在以下领域的表现：准确性，灵敏度，特异性，执行时间和马修斯相关系数（Haq et al，2018）。所有分类模型都使用特征选择算法检查执行时间和准确性，例如具有 K- 折叠交叉最小冗余最大相关性（mRMR）的 LASSO。研究人员设计了一个智能系统来对健康的个体和心脏病患者进行分类。

苗氏（2018）提出了一种深度神经网络分类器和诊断工具，作为准确预测心脏病的训练模型。将分类器作为增强型深度神经网络，准确率达到了 83.67%。

阿什拉夫、利兹维和沙尔玛提出了一种深度神经网络技术来创建心脏病发作自动预测系统（Ashraf, Rizvi & Sharma, 2019）。机器学习技术在多个数据集上进行了测试，以获得最高的准确率。该方法引入了一种数据自动预处理方法，并消除了系统中的异常。

索乌里等人使用深度神经网络进行预后预测以预测高风险。该模型使用多个递归神经网络进行诊断和学习（Sowri et al，2019）。该方法精确度高。

杨等人使用各种技术来构建和预测模型（Yang et al，2020）。他们使用自动健康参数记录设备进行连续随访。他们提供了一个基于大量心血管疾病人群的 3 年风险评估预测模型。

沙尔玛和帕尔玛提出了 Talos 超参数优化模型来预测心脏风险。该模型使用朴素贝叶斯、支持向量机和随机森林执行分类（Sharma & Parmar, 2020）。该模型应用于 UCI 存储库数据的结果表明 Talos 超参数优化比其他分类算法表现得更好。

巴库彻等人提出了一个带有卷积神经网络的基于双向长短期记忆（BiLSTM）模型的集成学习框架，其预测心脏病的准确率为91%（Baccouche et al，2020）。他们实现了具有特征选择的数据预处理选项，以提高分类器的性能。以上各种机器学习和深度学习算法的心脏病参数预测展示于表7.2中。

表7.2 用于心脏病预测的机器学习和深度学习算法汇总

序号	作者	发表年份	所用数据集	所用算法	准确率（%）
1	Amin Ul Haq et al. (Haq et al, 2018)	2018	UCI 存储库数据集	LR with crossvalidation selected by Feature Selection algorithm Relief	89
2	Kathleen H. et al.（Miao & Miao, 2018）	2018	UCI 存储库数据集	增强型深度神经网络	83.67
3	Mohd. Ashraf et al.（Ashraf, Rizvi & Sharma, 2019, 53）	2019	UCI 存储库数据集	深度神经网络	87.64
4	N. Sowri Raja Pillai et al.（Sowri et al, 2019）	2019	来自患者的数据集	基于遗传算法的递归神经网络	92
5	Li Yang et al.（Yang et al, 2020）	2020	来自患者的数据集	随机森林	78.7
6	Sumit Sharma, Mahesh Parmar（Sharma & Parmar, 2020）	2020	Kaggle 的心脏病数据集	Talos 超参数优化算法（混合）	90.78
7	Asma Baccouche et al.（Baccouche et al, 2020）	2020	来自患者的数据集	基于双向长短期记忆和卷积神经网络的集成学习分类器	91

7.2.3 人工智能中的混合模型

混合模型是一种智能系统，由来自人工智能子领域的并行技术和方法的组合组成，这些子领域包括：进化方法、推理方法、监督学习、强化学习和神经模糊系统。

为了构建混合模型，许多方法通常以两段式连接，其中主要阶段基于每个分类或聚类方法构建，这些方法用于预处理数据集。第一阶段的结果（换言之，处理后的数据）被回收作为预测模型以构造以下分类器。逻辑回归、神经网络和决策树已被重用为自组织映射的分类方法，K– 均值也已被作为聚类技术用于构建各种混合模型。

（1）混合分类模型

混合分类模型通常将多个增量学习分类模型组合在一起，使得一个模型的效率问题可由一个或多个其他模型加以补偿。例如，决策树与朴素贝叶斯组合在一起，从而形成朴素贝叶斯分类器。朴素贝叶斯算法适用于靶向小范围序列，而决策树算法更适合长程序列。因此，两者在长程和短程序列上的组合是相似的。这种组合有助于构建高速、高精度、低复杂性的模型，这些模型可以应用于各种数据集。表 7.3 列出了不同类型的混合分类模型及其潜在的应用领域。通过参考此表，读者可以更好地了解哪些模型组合适用于哪种应用。

表 7.3　不同的混合分类系统的简要对比

分类模型	详细介绍	典型应用	近似准确率（%）
函数树（Miškovic & Vladislav，2014）	生成多变量树，每个树可以是随机森林、决策树或任何其他可用于分类的树结构	DNA 序列，心脏病预测和心跳分类	90

续表

分类模型	详细介绍	典型应用	近似准确率（%）
多重决策树（Kumar et al.，2020）	多个决策树组合在一起，以便对聚类数据点进行隔离和分类。每个聚类都由相似的数据点组成，因此可以将分类过程设计得更准确	土地利用土地覆被，心脏病分类	91
NFE（Masabo et al.，2019）	将不同种类的特征提取单元组合在一起，以发现分类的精细特征。这些特征是随机选择的，以便获得所选特征的最佳组合，从而提供最高精度	恶意软件分类，人体健康预测	93
MOEFC（Abdeldjouad et al.，2020）	将模糊化过程与进化分类器相结合，并使用去模糊化评估输出类。参数类的数量表示此分类器的目标数量	心脏病预测	79
AdaBoost（Abdeldjouad et al.，2020）	通常组合多个特征提取单元并增强其权重，以便评估给定分类问题的最佳特征	心脏病预测	80
Logit Boost（Abdeldjouad et al.，2020）	将输入与遗传算法相结合，该算法使用类似 AdaBoost 的算法进行特征评估。这些通常是最常用的分类系统，具有最小的成本和高精度	心脏病预测	94
FH-GBML-C（Abdeldjouad et al.，2020）	类似于遗传模糊系统 Logit Boost，但没有 AdaBoost，这降低了系统的分类准确性	心脏病预测	83
FURIA-C（Abdeldjouad et al.，2020）	使用规则归纳机制为模糊输入编排更好的分类规则选择。它是一个简单的级联分类器，因此性能有限	心脏病预测	82
LRDA-GNN（Zhang, Kuma & Verma，2005）	它将逻辑回归与判别分析相结合以提取特征，然后使用遗传神经网络进行最终分类。这造就了高度准确的分类系统	乳房 X 光照片分类	93
MLP-PSO（Bouaziz & Boutana, 2019）	将基于感知器的多层神经网络与改进的粒子群优化算法相结合，对不同类型的信号进行分类。由于在系统中使用减少误差的粒子群优化，它具有高精度和低出错概率	心脏病预测和心跳分类	98
DGEC（Pławiak & Acharya，2020）	它是一系列连接的分类器，这些分类器是级联的，使得结果是一组相互学习的分类器	心律不齐检测	99

续表

分类模型	详细介绍	典型应用	近似准确率 (%)
GABC（Muthuvel & Alexander，2019）	它将遗传算法与蜂群优化相结合，形成高度准确的分类器。此处，遗传算法用于特征选择目的，而蜂群优化用于最终分类	心脏病预测和心跳分类	93
PSO- SVM（Kopiec & Martyna，2011）	将用于特征评估的粒子群优化和用于最终分类的支持向量机组合在一起的高度复杂的分类器	心脏病预测和心跳分类	94
Bijective soft set（Kumar & Inbarani，2015）	将集合论的结果与软计算方法相结合，以提高任何信号处理系统的分类性能	心脏病预测和心跳分类；心律失常分类	98
混合迁移学习模型（Kudva & Guruvare，2020）	该网络结合了从不同的卷积神经网络架构（如 AlexNet，GoogleNet，ResNet，VGG Net 等）中学习，以评估任何信号分类的最佳特征。信号可以是图像、音频、感官信号等，这些信号在每个类之间略有不同	利用子宫颈图像进行子宫颈癌筛查	91
HCFC（Xiao et al，2020）	将混合分类框架与聚类相结合，以便首先识别分类的最佳特征，然后使用这些特征，以便在堆叠、级联或任何其他混合分类体系结构的帮助下对输入数据进行分类	心电图，休克预测	94
NB- SVM（Ingole，Bhoir & Vidhate，2018）	该系统将朴素贝叶斯与支持向量机相结合，以便评估最佳特征，然后将这些特征分为不同的类别	文本分类	94
CBA- ANN- SVM（Torabi et al.，2018）	前馈神经网络遵循数据特征点的聚类，其中最终的分类层被替换为支持向量机分类器。最终的分类器类似于卷积神经网络，该系统精度高	预测短期能耗	98
混合分类的特征加权（Asghar et al.，2020）	每个输入要素都根据其重要性进行加权。这些权重被赋予每个分类器之一，以发现给定输入数据的最佳分类模型	垃圾邮件检测	96
HRFLM（Mohan, Thirumalai & Srivastava，2019）	UCI 存储库数据集	心脏病参数分类	88.67

（2）人工智能中的递归神经网络模型分类器

递归神经网络作为反馈启发的神经网络，其中隐藏层连接紧密，以至于它们经常相互学习。从图 7.2 中可以观察到递归神经网络架构的示例，其中输入层数据被提供给第一隐藏层。隐藏层神经元的设计使得它们可以接受来自输入层和内部神经元的数据。

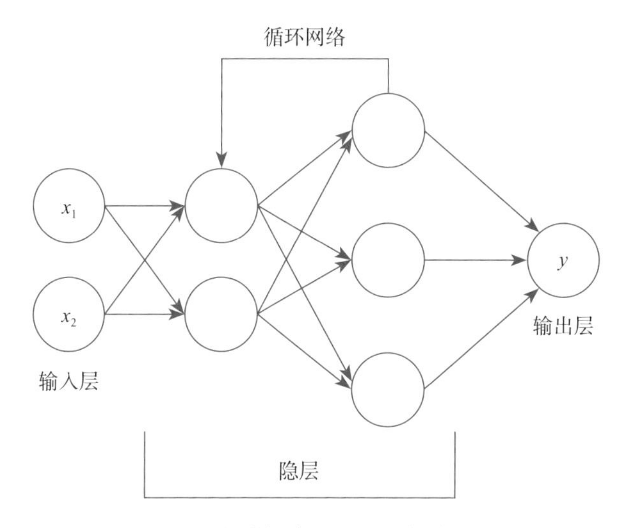

图 7.2　一个递归神经网络分类模型示例

一旦第一个隐藏层处理输入层数据，计算出的权重就会被赋予第二个隐藏层。上述隐藏层执行进一步的计算并优化这些权重。新的优化权重会定期反馈到第一层，根据获得的反馈，这些权重会定期更改。公式（7.1）表示神经网络的最终权重方程。

$$w_{i+1}=f(w_i, w_r) \tag{7.1}$$

其中，w_{i+1} 是第一个隐藏层的新权重；f 是网络的激活函数，w_i 是层目前的权重，w_r 是从循环层得到的权重。一个递归神经网络必须至少有两层。随着层数的增加，网络的计算复杂性呈指数级增长。

由于这种计算复杂性的增加，需要存储大量的训练权重。这称为递归神经网络的爆炸性问题。此外，递归神经网络还有其他问题，例如梯度消失，其中如果使用具有相似权重的大型训练序列，则学习将停滞不前。此外，如果使用双曲正切函数或整流线性单元（ReLU）等激活函数，则无法处理长序列。即使使用其他激活函数处理长序列，这些权重也会非常频繁地更新。因此，长短期记忆网络通常与递归神经网络结合使用以获得更好的性能。这种网络被称为混合网络，可用于心电图分类。本章介绍了不同类型的混合分类网络，然后以著名的克利夫兰数据集为例，该数据集常用于预测心脏病。最后，本章以对具有混合分类架构的数据集的案例研究结束，以验证其效率。

前文给出的表格清楚地表明，包括使用卷积神经网络和聚类的深度学习分类器最适合多种应用。将递归神经网络与长短期记忆网络结合使用，可以很好地对心脏病预测问题中涉及的心脏病相关参数进行分类。

这里介绍了用于心脏病预测的各种混合模型的综述。

莫汉、蒂鲁玛莱和斯里瓦斯塔瓦（2019）提出了一种混合机器学习技术，用于有效预测心脏病。他们实施了一种新方法，该方法通过应用机器学习技术找到提高心血管风险预测准确性的主要特征。预测模型熟悉各种特征，并结合了许多众所周知的分类方法。机器学习方法用于处理和开发原始数据集，为心脏病预测问题提供了新的解决方案。

塔拉瓦和恩巴拉克（2019）对心脏病风险进行了预测，其中包括各种分类方法。研究人员提出了一种混合模型方法，将所有方法和功能组合成一个，以实现准确诊断和预测。所提出的技术包含 3 个阶段：初始阶段是预处理阶段，在进行任何处理技术之前对记录进行分类和过滤。初始输出受多种分类方法的约束，并经过评估以消除低效能。然后，它将结果与患者现在和过去的记录相结合，以给出有关心脏病发病风险的结果和预测。

Xiao et al.（2017）提出了一种混合模型，该模型在灵敏度、混淆矩阵、特异性、ROC 曲线和准确率等性能指标方面取得了显著的结果。混合分类模型由 Relief 算法和 Rough 算法组成，可以处理冗余和相关特征。具有两个子算法的集成分类器具有选择和分类功能。模型使用了二级混合建模，集成了 Relief 算法和 Rough 算法。Relief 算法是一种特征选择算法，它通过获取特征权重来选择基本和相关的特征。它包括 3 个阶段：数据判别的特征选择，使用 Relief 算法的特征提取，以及使用启发式粗糙集约简算法的特征消减。对于分类，实现了 C4.5（一个融合分类器）。交叉验证方法的准确率为 92.59%。

尼古卡和内德里（2018）给出了一种功能强大的工具，该工具比其他心脏病预测模型表现得更好，并使用可靠和集成的混合模型来帮助医生预测和检测心脏病。该工具评估准确率为 96%，特异性为 93%，灵敏度为 80%，这是通过在 278 个实例的数据集上应用所提出的混合集成模型来实现的。研究人员研究和开发了一种混合模型应用程序，该应用程序的性能优于其他集成分类器，并且已被证明可以获得更好的性能。该应用程序综述了 5 种广泛使用的混合融合分类模型的性能，包括 K- 近邻算法、朴素贝叶斯、支持向量机、随机森林和贝叶斯网，其中这些基本分类模型被聚合，并将结果转发到新的融合分类模型，例如：LogitBoost，AdaBoost，随机森林和多层感知器，用于诊断和预测心脏疾病。

辛格和金达尔（2018）的研究人员建立了一个模型，用于对心脏病进行高度准确的预测。这是混合朴素贝叶斯和遗传方法的结合方法。这两种方法的混合模型被称为混合遗传朴素贝叶斯模型，以实现更高的预测准确性。他们使用的编程平台是 Python 3.6，并开发了用于预测的数据处理和分类技术，即监督学习。该模型的性能参数包括准确率、召回率和精度。

阿加瓦尔和阿梅塔（2019）分两个阶段展示了他们对于提高心脏问题的预测准确率的工作。针对心脏病相关参数（如年龄、心率、胆固醇指数、脉搏率等），他们提出了一种新技术。在第一阶段，他们提出了一种新方法，其中胆固醇指数、脉搏率等参数与患者的年龄一起被包括在内。与以前的研究相比，只有年龄因素被认为是预测的主要属性。在第二阶段，他们设计了一种新的高效混合分类模型，该模型结合了两种不同的分类方法，即 K- 近邻算法和支持向量机。支持向量机提取数据集的重要特征，K- 近邻算法充当分类器来生成结果。该方法在执行时间和精度方面均优于其他方法。

只有对大量数据进行适当地分析才能获得富有成效的结果。分类、关联规则挖掘、序列分析和预测是数据挖掘过程的重要成果。在数据挖掘过程中，分类是一种被广泛使用的方法。它根据条件对数据进行分类，并对集中的数据进行分组以预测将来的数据标签。分类技术可以有效地将大型数据集处理为一个或多个类标签，以使具有最大相似度的样本保持在相同的集合中。

7.3 本文提出的方法

为了预测心脏病，本文使用了克利夫兰数据集。该数据集由年龄、性别、胸痛类型组成，胸痛可以分为非心绞痛、典型心绞痛、无症状非典型心绞痛和运动诱发的心绞痛。本文使用如图 7.3 所示的模型预测心脏病。

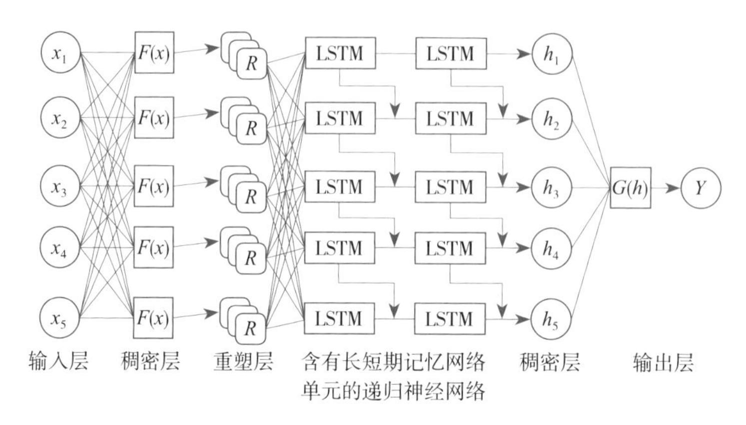

图 7.3　本文提出的混合分类体系结构

本文提出的体系结构使用以下步骤工作：

- 为系统提供输入功能，这些特征直接取自克利夫兰数据集。
- 这些特征中的每一个都被赋予一个稠密层，在其中完成特征分类，并且每个特征都被重塑。
- 重塑层将这些特征分组为具有相似值的不同特征集中。
- 这些功能集存储在执行这些功能的不同组合的长短期记忆网络中。
- 所有这些组合都提供给递归神经网络，其中使用稠密层和输出层执行最终的分类过程。
- 长短期记忆网络和递归神经网络在整个过程中相互学习，并将分类误差降至最低。

每个克利夫兰数据集属性都被赋予了特定的权重，并根据该权重执行最终分类。这种分类的结果已经制成表格，并与其他高级方法进行了比较。本章下一节将对此进行比较。据观察，本文提出的混合分类模型表现最佳，可用于实时分类问题。

7.4 混合分类模型（RNN+LSTM）在克利夫兰数据集上的性能表现

递归神经网络与长短期记忆网络混合算法已经与其他算法进行了比较，如人工神经网络、卷积神经网络等。表 7.4 显示了这种比较。

表 7.4 不同混合分类模型准确率对比

分类模型	使用的特征个数	准确率 (%)
堆叠模型（Mišković & Vladislav., 2014）	75	89
多重决策树（Kumar, Biswas & Walker, 2020, 634）	62	91
NFE（Masabo et al, 2019）	68	93
GFS- LogitBoost- C（Abdeldjouad et al, 2020）	70	94
LRDA- GNN（Zhang & Verma, 2005）	65	93
GABC（Muthuvel, Anto & Alexander, 2019, 35372）	46	93
PSO- SVM（Kopiec & Martyna, 2011）	59	94
混合迁移学习模型（Kudva, K & Guruvare, 2020, 625）	70	91
HCFC（Xiao et al, 2020, 2185）	34	94
NB- SVM（Ingole, Bhoir & Vidhate, 2018, 14）	14	95
GWO- CNN（Khan, 2020, 34722）	18	94
递归神经网络和长短期记忆网络混合分类模型	13	96

带有长短期记忆网络分类器的递归神经网络仅利用了克利夫兰数据集中的 13 个特征。这些特征是从 300 多个实例的给定输入集中选出来的。评估表明，预测只需要以下参数：

- 患者年龄

- 患者的性别
- 患者胸痛类型
- 静息血压
- 血清胆固醇
- 空腹血糖
- 静息心电图结果
- 患者最高心率
- 是否存在运动诱发的心绞痛
- 运动引起的 ST 段曲率
- 高峰期运动 ST 段斜率
- 透视着色的重要血管数量
- 患者的缺陷类型

它们是最相关的特征，因为它们在不同的心脏病中产生了最大的差异。此外，由于使用长短期记忆网络选择这些特征，递归神经网络可以对心脏病患者进行分类，并在训练和测试值上达到超过 96% 的准确率。另外，递归神经网络的精确度可以通过更多数量的数据实例来完善，因为观察次数越多，神经网络训练效果就越好。因此，建议将带有递归神经网络的长短期记忆网络用作对心脏病数据集进行分类的首选网络。该混合模型的详细规格见表 7.5。

表 7.5　混合递归神经网络和长短期记忆网络的特征参数

简单递归神经网络层	100 单元
2 个长短期记忆网络层	100 单元

续表

简单递归神经网络层	100 单元
激活函数	softmax
优化器	Adam
迭代次数	100
批量大小	4

表 7.6 显示了文中所提出的混合模型在克夫兰数据集上的各种性能指标。

表 7.6 心脏病预测混合模型的性能指标

提出的混合算法	准确率 (%)	精度 (%)	召回率 (%)	*F* 值 (%)
递归神经网络（Baviskar, Verma & Chatterjee, 2020）	88	88	91	89
长短期记忆网络（Baviskar, Verma & Chatterjee, 2020）	86	88	88	88
递归神经网络 + 长短期记忆网络（Proposed Method）	96	94	97	95

混合算法的性能指标柱形图如图 7.4 所示。

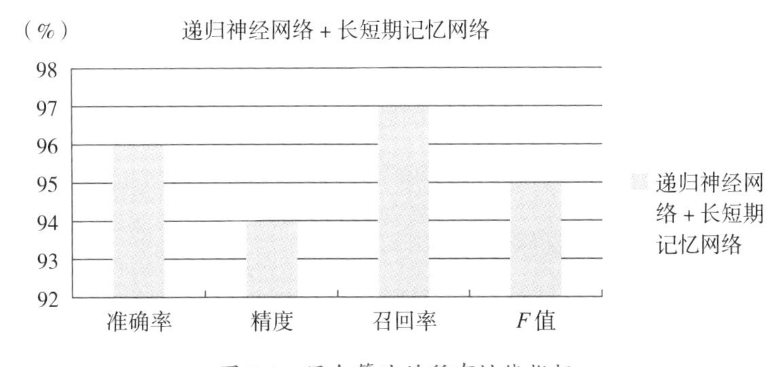

图 7.4 混合算法的所有性能指标

此外，混合算法与深度学习算法的性能比较图如图 7.5 所示。

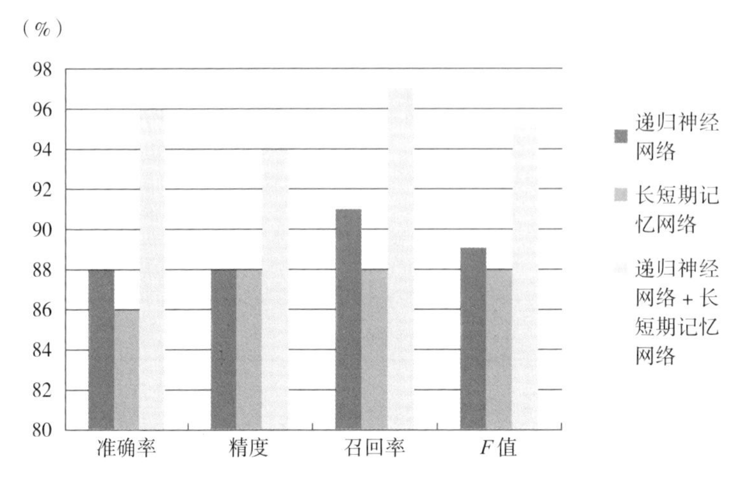

图 7.5　混合算法与深度学习算法的比较

如图 7.4 和图 7.5 所示，递归神经网络和长短期记忆网络的混合模型在克利夫兰数据集上显示出 96% 的准确率。

7.5　结论

根据我们的综述，可以观察到基于卷积神经网络和递归神经网络的方法有利于心脏病的分类预测。本文所提出的模型可以有效地在克利夫兰数据集上进行心脏病预测。特征选择技术仅选择了 13 个特征，混合模型（递归神经网络 + 长短期记忆网络）能够达到 96% 的准确率，优于其他现有模型。这种分类精度可以通过深度网络和 3D 卷积神经网络模型进一步提高，这有助于特征提取和分类。

参考文献

Abdeldjouad F, Brahami M, Matta N, 2020. A Hybrid Approach for Heart Disease Diagnosis and Prediction Using Machine Learning Techniques［J］. In: M. Jmaiel, M. Mokhtari, B. Abdulrazak H. Aloulou, and S. Kallel（eds）, The Impact of Digital Technologies on Public Health in Developed and Developing Countries. ICOST 2020. Lecture Notes in Computer Science, vol 12157. Springer, Cham.

Agarwal M, Gaurav K A, 2019. Implementation of an efficient hybrid classification model for heart disease prediction［J］. International Journal of Scientific & Technology Research, vol. 8, no. 08, 292–297, August.

Asghar M Z, Asmat U, Shakeel A, Aurangzeb K, 2020. Opinion spam detection framework using hybrid classification scheme［J］. Soft Computing, vol. 24, 3475–3498. doi.org/10.1007/s00500-019-04107-y.

Ashraf M, Rizvi M A, Himanshu S, 2019. Improved heart disease prediction using deep neural network［J］. Asian Journal of Computer Science and Technology, vol. 8, no. 2, 49–54 .

Baccouche A, Begonya G Z, Cristian C O, Adel E, 2020. Ensemble deep learning models for heart disease classification: A case study from Mexico［J］. Information, vol. 11, no. 4, 207. doi.org/10.3390/info11040207.

Bashir T, Imran U, Shahnawaz K, Junaid Ur R, 2017. Intelligent reorganized discrete cosine transform for reduced reference image quality assessment［J］. Turkish Journal of Electrical Engineering & Computer Sciences, vol. 25, no. 4, 2660–2673.

Baviskar V, Madhushi V, Pradeep C, 2021. A Model for Heart Disease Prediction Using Feature Selection with Deep Learning［J］. In: Deepak

Garg, Kit Wong, Jagannathan Sarangapani, and Suneet Kumar Gupta（eds）, Advanced Computing. IACC 2020. Communications in Computer and Information Science, vol. 1367. Springer, Singapore. doi.org/10.1007/978-981-16-0401-0_12.

Bouaziz F, Daoud B, 2019. Automated ECG heartbeat classification by combining a multilayer perceptron neural network with enhanced particle swarm optimization algorithm［J］. Research on Biomedical Engineering, vol. 35, 143–155. doi.org/ 10.1007/s42600-019-00016-z.

Garg S, Kaur K, Kumar N, Kaddoum G, Zomaya A Y, Ranjan R, 2019. A hybrid deep learning-based model for anomaly detection in cloud datacenter networks［J］. IEEE Transactions on Network and Service Management, vol. 16, no. 3, 924–935, Sept. doi: 10.1109/TNSM.2019.2927886.

Ingole P, Smita B, Vidhate A V, 2018. Hybrid model for text classification［J］. 2018 Second International Conference on Electronics, Communication and Aerospace Technology（ICECA）. IEEE, Coimbatore, India, pp. 7–15. doi: 10.1109/ ICECA.2018.8474738.

Khan M A, 2020. An IoT framework for heart disease prediction based on MDCNN classifier［J］. IEEE Access, vol. 8, 34717–34727. doi: 10.1109/ACCESS. 2020.2974687.

Khatal S S, Yogesh K S, 2020. Analyzing the role of heart disease prediction system using IoT and machine learning［J］. International Journal of Advanced Science and Technology, vol. 29 no. 9s, 2340–2346. sersc.org/ journals/index.php/ IJAST/article/view/14830.

Kopiec D, Jerzy M, 2011. A Hybrid Approach for ECG Classification Based on Particle Swarm Optimization and Support Vector Machine［J］. In: Emilio Corchado, Marek Kurzyński, and Michał Woźniak（eds）Hybrid Artificial Intelligent Systems. HAIS 2011. Lecture Notes in Computer Science, vol. 6678. Springer, Berlin, Heidelberg. doi. org/10.1007/978-3-642-21219-2_42.

Kudva V, Keerthana P, Shyamala G, 2020. Hybrid transfer learning for classification of uterine cervix images for cervical cancer screening［J］. Journal of Digital Imaging, Jun., vol. 33, no.3, 619–631. doi: 10.1007/ s10278-019-00269-1. PMID: 31848896; PMCID: PMC7256135.

Kumar J, Brototi B, Sakshi W, 2020.“Multi-temporal LULC Classification using hybrid approach and monitoring built-up growth with Shannon’s Entropy for a semi-arid region of Rajasthan, India”, Journal of the Geological Society of India, vol. 95, 626–635. doi.org/10.1007/s12594-020-1489-x.

Miao K H, Miao J H, 2018. Coronary heart disease diagnosis using deep neural networks［J］. International Journal of Advanced Computer Science and Applications（IJACSA）, vol. 9 no.10, dx.doi.org/10.14569/IJACSA.2018.091001.

Masabo E, Kyanda K, Julianne S O, John N, Damien H, 2019. Improvement of malware classification using hybrid feature engineering［J］. SN Computer Science, vol.1, pp. 1–14. 10.1007/s42979-019-0017-9.

Miškovic V, 2014. Machine Learning of Hybrid Classification Models for Decision Support［J］. In: Sinteza 2014–Impact of the Internet on Business Activities in Serbia and Worldwide, Belgrade, Singidunum University, Serbia, 2014, pp. 318–323. doi:10.15308/ sinteza-2014-318-323.

Mohan S, Chandrasegar T, Gautam S, 2019. Effective heart disease prediction using hybrid machine learning techniques［J］. IEEE Access, vol. 7, 81542–81554. doi: 10.1109/ACCESS.2019.2923707.

Muthuvel K, Anto S, Jerry A T, 2019. GABC based neuro-fuzzy classifier with hybrid features for ECG Beat classification［J］. Multimedia Tools and Applications, vol. 78, 35351–35372. doi.org/10.1007/s11042-019-08132-9.

Nikookar E, Ebrahim N, 2018. Hybrid ensemble framework for heart disease detection and prediction［J］. International Journal of Advanced Computer Science and Applications（IJACSA）, vol. 9, no. 5,dx.doi.org/10.

14569/IJACSA. 2018.090533.

Pillai N S R, Kamurunnissa B K, Kiruthika J, 2019. Prediction of heart disease using RNN algorithm［J］. International Research Journal of Engineering and Technology（IRJET）vol. 6, no. 3, 4452–4458, Mar 2019 www.irjet.net.

Pławiak P, Rajendra A U, 2020. Novel deep genetic ensemble of classifiers for arrhythmia detection using ECG signals［J］. Neural Computing and Applications, vol. 32, 11137–11161. doi.org/10.1007/s00521-018-03980-2.

Sharma S, Mahesh P, 2020. Heart diseases prediction using deep learning neural network model［J］. International Journal of Innovative Technology and Exploring Engineering（IJITEE）, vol. 9, no. 3, 809–819, January 2020.

Singh N, Sonika J, 2018. Heart disease prediction system using hybrid technique of data mining algorithms［J］. International Journal of Advance Research, Ideas and Innovation in Technology, vol. 4, no. 2, 982–987.

Tarawneh M, Ossama E, 2019. Hybrid Approach for Heart Disease Prediction Using Data Mining Techniques［J］. In: Leonard Barolli, Fatos Xhafa, Zahoor Ali Khan, and Hamad Odhabi（eds）Advances in Internet, Data and Web Technologies. EIDWT 2019. Lecture Notes on Data Engineering and Communications Technologies, vol. 29. Springer, Cham. doi.org/10.1007/978-3-030-12839-5_41.

Torabi M, Sattar H, Mahmoud R S, Shahaboddin S, Amir M, 2018. A hybrid clustering and classification technique for forecasting short-term energy consumption, environmental progress & sustainable energy［J］. A Environmental Progress & Sustainable Energy, vol. 38, 66–76. doi.org/10.1002/ep.

Udhaya Kumar S, Hannah Inbarani H, 2015. Classification of ECG Cardiac Arrhythmias Using Bijective Soft Set［J］. In: Hassanien, Aboul Ella, Ahmad

Taher Azar, Vaclav Snasael, Janusz Kacprzyk, and Jemal H. Abawajy, Abawajy J.（eds）Big Data in Complex Systems. Studies in Big Data, vol. 9. Springer, Cham. doi.org/10.1007/978-3-319-11056-1_11.

Ul Haq A, Jian P L, Muhammad H M, Shah N, Ruinan S, 2018. A hybrid intelligent system framework for the prediction of heart disease using machine learning algorithms［J］. Mobile Information Systems, vol. 2018, Article ID 3860146, 21 pages, doi.org/10.1155/2018/3860146.

Xiao J, Yuhang T, Ling X, Xiaoyi J, Jing H, 2020. A hybrid classification framework based on clustering［J］. IEEE Transactions on Industrial Informatics, vol. 16, no. 4, 2177–2188, April 2020, doi:101109/TII.2019.2933675.

Xiao L, Xiaoli W, Qiang S, Mo Z, Yanhong Z, Qiugen W, Qian W, 2017. A hybrid classification system for heart disease diagnosis based on the RFRSm［J］. Computational and Mathematical Methods in Medicine, vol. 2017, Article ID 8272091, 11 pages, doi.org/10.1155/2017/8272091.

Yang L, Haibin W, Xiaoqing J, Pinpin Z, Shiyun H, Xiaoling X, Wei Y, Jing Y, 2020. Study of cardiovascular disease prediction model based on random forest in eastern China［J］. Scientific Reports vol. 10, 5245. doi.org/10.1038/s41598-020-62133-5.

Zhang P, Kuldeep K, Brijesh V, 2005. A Hybrid Classifier for Mass Classification with Different Kinds of Features in Mammography［J］. In: Lipo Wang and Yaochu Jin（eds）Fuzzy Systems and Knowledge Discovery. FSKD 2005. Lecture Notes in Computer Science, vol. 3614, pp. 316–319. Springer, Berlin, Heidelberg. doi.org/10.1007/11540007_38.

第 8 章 使用混合长短期记忆和二进制粒子群优化的云计算入侵检测系统

哈兹马 · 图拉比耶（Hamza Turabieh），
努尔 · 阿布埃鲁（Noor Abu-el-rub）

8.1　引言

如今，云计算系统帮助企业运行多个应用程序并通过互联网存储数据。所有服务都可以通过互联网远程访问，因此，云计算系统帮助最终用户以方便的方式克服与安装、维护和保护其数据或应用程序相关的所有问题（Dey et al.，2019, Bridges et al.，2019）。因此，保护这些云系统免受异常流量的影响至关重要。最近，许多云服务提供商已经研究了不同的方法来识别强大的入侵检测系统，以防止异常流量非法进入云系统。入侵检测系统通过分析传入流量并对正常活动和异常活动进行分类来运行。有时入侵检测系统会阻止未知终端用户相关的 IP 地址侵入云系统（Ghosh et al.，2019）。

8.2　IDS 方法

一般来说，入侵检测系统有两种常用的应用方法：主机入侵检测系统和网络入侵检测系统（Vinayakumar et al.，2019）。HIDS 控制和监视本地系统内部的各种入侵，它不断跟踪和分析来自本地机器的流量和所有信息，以检测任何异常行为（Subba et al.，2021）。NIDS 监控网络上的所有传入流量，以识别非法活动。

入侵检测系统通过检查每个数据包来检测异常流量，然后做出明智的决定以保持云系统处于健康状态（Jyothsna et al.，2016）。入侵检测系统有两种检测方法：基于异常和误用（签名）的检测。异常模式试图发现任何偏离正常流量的异常流量。而误用模式试图根据先前已知的异常流量模式检测异常（Gamage et al.，2020）。一般来说，入侵检测是一个 NP-Hard 问题（Ravale et al.，2015; Elmasry et al.，2020），可以使用进化计算和元启发式方法来解决。

图 8.1 探讨了云计算系统内部入侵检测系统的基本组件。入侵检测系统由 4 个主要功能组成：数据包处理功能、特征缩减功能、机器学习分类器功能和特征选择。

数据包处理功能处理来自网络的传入数据包，并将这些数据包转换为标准格式作为行数据。特征缩减功能用于去除冗余和缺失数据来改进收集的数据（即行数据）。归约数据用作机器学习分类器的输入数据，机器学习分类器的输出数据和信息用于更新入侵检测系统数据库并在收到异常数据包时通知系统。特征选择功能可用于具有较低维度的数据来提高分类器的整体性能。

任何入侵检测系统都应具有保护云计算系统安全的 3 个基本特征：数据机密性、数据完整性和数据可用性（Patel et al.，2020）。数据机密性是指不能被不受信任的用户打断的敏感数据。数据完整性是指在传输过程中不允许篡改数据。数据可用性确保最终用户始终可以访问网络资源和数据。

现有的几种入侵检测系统试图基于历史数据构建智能分类系统。由于网络流量数据被认为是高维数据，一些研究人员采用特征选择方法来提高

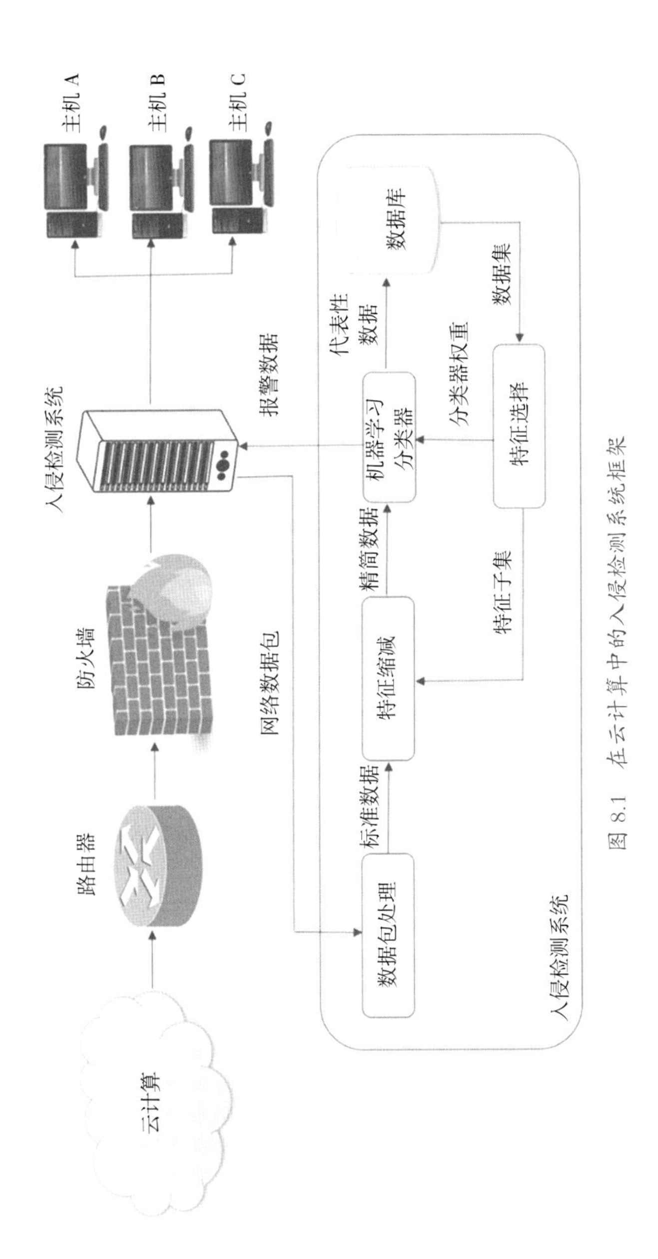

图 8.1　在云计算中的入侵检测系统框架

数据质量并降低数据维数（Alazzam et al.，2020）。特征选择方法提高了机器学习的整体性能（Prasad et al.，2020）。例如，阿尔莫玛尼使用了 4 种不同类型的特征选择方法（Almomani, 2020），即遗传算法、粒子群优化、萤火虫优化和灰狼优化器。他的工作表明，特征选择方法可以提高机器学习分类器的性能，例如支持向量机和决策树。塔卡尔和卢西亚提出了将特征选择方法与入侵检测系统结合使用的另一个示例，其中作者应用了 7 个机器学习分类器（Thakkar & Lohiya, 2020），即神经网络、决策树、逻辑回归、支持向量机、K- 最近邻、随机森林和朴素贝叶斯。此外，作者应用了包装器方法，即卡方、信息增益和递归特征消除。获得的结果显示了使用机器学习分类器的特征选择方法的出色性能。朱等人介绍了一种用于特征选择的多目标方法，用于在云计算系统中构建稳健的入侵检测系统（Zhu et al.，2017）。

在本章中，主要的研究贡献如下：

● 研究包装器特征选择的性能以降低数据的维数。

● 研究长短期记忆网络作为一种深度学习方法对传入数据包进行分类的性能。

本章其余部分组织如下：第 3 节总结了机器学习和特征选择在云计算入侵检测系统领域的相关工作，第 4 节展示了所提出的方法，第 5 节介绍了本章使用的数据集（即 UNSW-NB15），第 6 节介绍了获得的结果并提供了深入的讨论，最后，第 7 节展示了本章的发现并提出了未来的工作方向。

8.3 相关工作

随着云计算的普及，网络安全越来越受到重视，以确保应用程序和数据的安全。面对网络安全问题，最重要的是在攻击发生后如何快速检测攻击并采取正确的措施来保护云系统。一般来说，网络攻击有 5 种类型：DOS、U2R、NORMAL、R2L 和 PROBE（De la Hoz，2014）。收集的数据是从大量数据包中生成的。因此，样本（即记录）的数量很大，这使得处理这些数据变得困难。为了克服这个问题，特征选择已被广泛用于增强入侵检测系统。

机器学习有几种可用于入侵检测系统的方法，例如：支持向量机、决策树、人工神经网络、卷积神经网络等。所有这些方法都使用一种学习算法从先前已分类的数据中学习。基本上，机器学习试图通过最小化实际输出和估计输出之间的分类误差来对训练数据进行分类。稍后，将根据收集的数据（即测试数据集）对训练好的模型进行评估。机器学习的性能取决于 3 件事：输入数据的类型、输入数据的质量和学习算法。特征选择将提高输入数据的质量，这将反映机器学习分类器的整体性能。

在有许多已发表的研究论文中，人们使用机器学习和特征选择来检测异常数据包。例如，阿尼塔等人提出了一种智能分析方法来检测入侵（Aneetha et al.，2012）。该方法使用基于规则的聚类方法对传入数据包进行分类。报告的结果表明，基于规则的杂化方法可以提高入侵检测系统的性能。孙等人提出了一种基于云的反恶意软件系统，称为云眼（Sun et al.，2017）。该系统可以通过保护终端用户的数据和应用程序来为终端用户提供高质量、具有成本效益的服务。此外，云眼可以保护云服务器和云客户端。申等人为云计算系统的入侵检测系统配置了恶意软件检测基础设施（Shen et al.，2018）。其主要目标是检测所有传入的异常数据包。希瓦沙等人介绍了一种轻量级入侵检测系统，它结合了3种算法：遗传算法、神经网络和决策树。遗传算法被用作包装器特征选择，而神经网络和决策树相结合以生成称为神经树的混合分类器（Sivatha et al.，2012）。该算法评估称为NSL-KDD的公共数据集。遗传算法作为特征选择的性能非常好，它从41个特征中选择了14个特征。神经树分类器在准确度值上表现出出色的性能（为98.38%）。

沙赫里等人将遗传算法与支持向量机相结合来检测入侵（Shahri et al.，2016）。作者使用遗传算法作为特征选择，使用支持向量机作为机器学习分类器。在这项工作中，作者在KDDCUP 99数据集上模拟了他们提出的方法。数据集由41个特征组成。特征选择算法将特征数量减少到10个。支持向量机能够检测到异常数据包，其准确率达到97.3%。

塞瓦库玛等人提出了一种群优化算法作为特征选择方法，称为萤火虫算法（Selvakumar et al.，2019）。作者在KDDCUP 99数据集上模拟了他们提出的方法。结果表明，群优化算法作为特征选择算法性能良好。艾尔雅辛应用了相同的算法，即萤火虫算法，作为支持向量机分类器的特征选择（AlYaseen, 2019）。作者报告说，该方法的性能表现出色，准确率为78.89%。杨等人研究了特征选择算法对入侵检测系统的重要性（Yang et al.，2009）。在这项工作中，作者提出了一种基于改进的随机突变爬山的轻量级入侵检测系统。尹慧等人采用了一种被称为逐步特征消除（GFR）的特征选择算法（Yinhui et al.，2012）。作者在KDDCUP 99数据集上测试了他们的算法。逐步特征消除从 41 个特征中选择了 19 个特征。作者应用支持向量机来检查所选特征，其中支持向量机的性能为 98.62%。

本章研究基于进制粒子群优化和长短期记忆网络作为分类器的包装器特征选择。它旨在在 UNSW-NB15 数据集上采用所提出的方法。

8.4 本文提出的方法

8.4.1 二进制粒子群优化

1995 年，肯尼迪和艾伯哈特提出了一种群智能算法（Kennedy & Eberhart, 1995），称为粒子群优化。简单地说，粒子群优化模拟飞行时生物的行为。粒子群优化是一种基于群体的解决方案，其中所有解决方案都在搜索空间中移动。每个解 x（即粒子）有两个值：位置 x_{id} 和速度 v_{id}。这两个变量都是根据搜索空间中最佳解决方案 p_i 的位置以及邻域 p_g 中最佳解决方案的位置来计算的。其中 i 表示总体中的解数（1，2，…，S_n），n 为总体大小，t 为迭代次数。公式（8.1）和公式（8.2）分别给出了位置 x_{id} 和速度 v_{id} 的更新方法。其中数字 r_1 和 r_2 表示［0,1］范围内的两个随机数，w 表示正惯性权重，c_1 表示 p_{id} 的影响程度，而 c_1 表示 p_{gd} 的影响程度。为了确保所有解决方案都在搜索空间中的可行位置，速度被控制在［v_{min}, v_{max}］范围内。图 8.2 探讨了粒子群优化的伪代码。

$$v_{id}(t+1)=wv_{id}(t)+c_1r_1[p_{id}(t)-x_{id}(t)]+c_2r_2[p_{gd}(t)-x_{id}(t)] \tag{8.1}$$

$$x_{id}(t+1)=x_{id}(t)+v_{id}(t+1) \tag{8.2}$$

给定：
$-S_n$：群尺寸
$-t$：迭代次数
$-v$：初始速度
$-x$：初始位置
$-c_1$：p_{id} 的影响程度
$-c_2$：p_{gd} 的影响程度
初始化粒子（ ）
While（current_iteration ≤ t）
根据适应度函数评估每个粒子的位置
找到每个粒子目前的最优解
更新全局最优解
更新基于公式 8.1 的每个粒子的速度
更新基于公式 8.2 的每个粒子的位置
end While
输出全局最优解

图 8.2　粒子群优化的伪代码

在本章中，我们采用二进制粒子群优化的概念，其中解可以是 0 或 1（即离散）。要将连续粒子群优化切换到二进制粒子群优化，需要传递函数。在这里，使用基于公式（8.3）的 sigmoid 传递函数。

$$S\left[v_{id}\left(t+1\right)\right]=\frac{1}{1+\mathrm{e}^{-v_{id}(t)}} \tag{8.3}$$

其中 v_{id} 表示第 i 个向量中第 d 维的速度值，t 表示当前迭代。当前解决方案的更新方法如公式 8.4 所示。其中变量 x_{id} 表示下一次迭代中第 i 个位置的第 d 维元素，randis 是一个随机函数生成器，用于 [0,1] 之间的随机数。

$$x_{id}\left(t+1\right)=\begin{cases}1 if\ rand\left(0.0,0.1\right)<S\left[v_{id}\left(t+1\right)\right]\\0\qquad\qquad 否则\end{cases}\tag{8.4}$$

8.4.2 长短期记忆网络（LSTM）

在这里，采用深度学习方法（即 CNN-LSTM）来检测入侵。图 8.3 探索了 CNN-LSTM 的主要结构。基本上，长短期记忆网络使用内部存储器来记忆输入特征向量的时间序列。

长短期记忆网络尝试将输入 i(即特征）与输出 o(即异常 / 正常数据包）映射，同时忘记 f 门来记忆存储特征。隐藏状态 h 单元状态 c 用于记忆。长短期记忆网络的所有计算都显示在公式（8.5）、公式（8.6）和公式（8.7）。

$$\begin{pmatrix}i\\f\\o\\g\end{pmatrix}=\begin{pmatrix}sigmoid\\sigmoid\\sigmoid\\tanh\end{pmatrix}w^{t}\begin{pmatrix}h_{t}^{l-1}\\h_{t-1}^{l-1}\end{pmatrix}+\begin{pmatrix}b_{i}\\b_{f}\\b_{o}\\b_{g}\end{pmatrix}\tag{8.5}$$

$$c_t=f_t o c_{t-1}+i_t o g\tag{8.6}$$

$$h_t=o_t o\sigma\left(c_t\right)\tag{8.7}$$

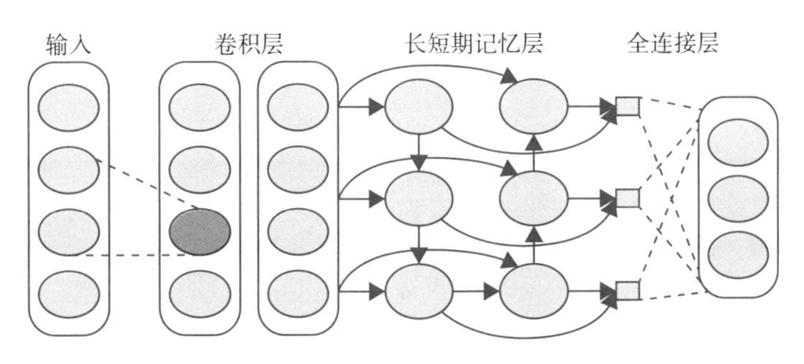

图 8.3　CNN-LSTM 的主要结构

全连接层和 softmax 过程的计算分别如公式（8.8）和公式（8.9）所

示。在这项工作中，softmax 被用来对输入用户的角色进行分类。而全连接层的输出由［0,1］范围内的 softmax 层呈现。N_c 指规则数，L 表示类别概率。

$$d_i^l = \sum_i \sigma\left[W_{ji}^{l-1}\left(h_i^{l-1}\right) + b_i^{l-1}\right] \tag{8.8}$$

$$P\left(c \mid d\right) = \operatorname{argmax}_{c \in C} \frac{\exp\left(d^{L-1} w^L\right)}{\sum_{k=1}^{N_c}\left(d^{L-1} w_k\right)} \tag{8.9}$$

8.5 数据集

在本章中，对名为 UNSW-NB1 的公共入侵数据集上提出的混合方法进行了评估。数据集是使用名为 IXIA PerfectStorm 的工具生成的。该数据集有 9 种不同类型的攻击，有 49 个特征。本文仅使用了 44 个特征。表 8.1 探索了数据集的 44 个特征。UNSW-NB 数据集是一个不平衡的数据集。本文采用自适应合成采样方法来解决这类不平衡问题（Haibo et al., 2008）。表 8.2 探索了原始和平衡的数据集。在本文中，该数据集被用作二进制分类问题来确定正常或异常攻击。

表 8.1　UNSW-NB15 数据集的特征

特征编号	特征名称	类型	特征编号	特征名称	类型
1	id	Nominal	6	spkts	Integer
2	dur	Float	7	dpkts	Integer
3	proto	Nominal	8	sbytes	Integer
4	service	Nominal	9	dbytes	Integer
5	state	Nominal	10	rate	Integer

续表

特征编号	特征名称	类型	特征编号	特征名称	类型
11	sttl	Integer	28	smean	Integer
12	dttl	Integer	29	dmean	Integer
13	sload	Float	30	trans_depth	Integer
14	dloss	Float	31	response_body_len	Integer
15	sloss	Integer	32	ct_srv_ser	Integer
16	dloss	Integer	33	ct_state_ttl	Integer
17	sinpkt	Integer	34	ct_dst_ltm	Integer
18	dinpkt	Integer	35	ct_src_dport_ltm	Integer
19	sjit	Float	36	ct_src_sport_ltm	Integer
20	djit	Float	37	cr_dst_src_ltm	Integer
21	swin	Integer	38	is_ftp_logon	Binary
22	stcpb	Integer	39	ct_dtp_ltm	Integer
23	dtcpb	Integer	40	ct_src_ltn	Integer
24	dwin	Integer	41	ct_srv_dst	Integer
25	tcprtt	Float	42	ct_sm_ips_ports	Integer
26	synack	Float	43	is_sm_ips_ports	Binary
27	ackdat	Float	44	attack_cat	Nominal

表 8.2　原始的和平衡的 UNSW-NB15 数据集

数据集	正常次数	攻击次数	总计
原始训练	56000	119341	175341
原始测试	37000	45332	82332
平衡训练	119341	119341	238682
平衡测试	45332	45332	90664

8.6 结果和分析

本节报告了对所提出的混合方法（即带有长短期记忆网络的二进制粒子群优化）的验证，以检测云计算系统中的入侵。所有实验均基于 kfold = 10 的交叉验证方法进行。我们使用 MATLAB 实现了所提出的方法。

我们使用 6 个标准来评估所提出的方法：准确度［公式（8.10）］、特异性［公式（8. 11）］、敏感度［公式（8.12）］、精确度［公式（8.13）］、召回率［公式（8.14）］和 F- 测量［公式（8.15）］。

$$准确度=\frac{TP+TN}{TP+FP+FN+TN} \tag{8.10}$$

$$特异性=\frac{TN}{FP+TN} \tag{8.11}$$

$$敏感度=\frac{TP}{TP+FN} \tag{8.12}$$

$$精确度=\frac{TP}{TP+FP} \tag{8.13}$$

$$召回率=\frac{TP}{TP+FN} \tag{8.14}$$

$$F-测量=\frac{2\times(召回率\times精确度)}{召回率+精确度} \tag{8.15}$$

在这项工作中，应用了所提出的混合方法，具有 3 种设置：具有特征选择的平衡数据集（即二进制粒子群优化）、没有特征选择的平衡数据集和没有特征选择的原始数据集。表 8.3 探讨了 3 种类型的实验所获得的结果。与没有特征选择的其他实验相比，特征选择的性能提高了长短期记忆网络的整体性能。例如，测试数据集获得的结果表明，与平衡数据集相比，所提出的方法有很好的改进效果（即 6%）。图 8.4 探讨了长短期记忆网络在训练过程中的表现。对于带有特征选择的平衡数据（即蓝线），分类误差具有平滑收敛性。

从获得的结果来看，我们认为所提出的混合方法可以提高云计算系统内部入侵检测系统的整体性能。

表 8.3 提出算法获得的结果

	具有 FS 的平衡数据集		平衡数据集		原始数据集	
	训练	测试	训练	测试	训练	测试
准确度	0.97	0.92	0.95	0.84	0.86	0.86
敏感度	0.95	0.99	0.94	0.84	0.96	0.88
特异性	1.00	0.84	0.99	0.85	0.71	0.82
精确度	1.00	0.88	1.00	0.84	0.82	0.85
召回率	0.95	0.99	0.94	0.84	0.96	0.88
F- 测量	0.98	0.91	0.97	0.86	0.89	0.87

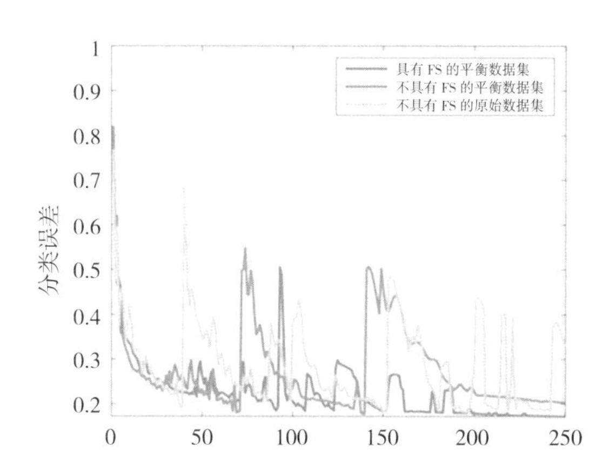

图 8.4 基于分类误差的训练数据集的长短期记忆网络收敛

8.7 结论

在本章中，我们强调了特征选择方法对于提高云计算系统机器学习分类器性能的重要性。许多公司开始使用这项技术来节省时间、成本并增强其应用程序和数据的安全性。入侵检测系统在保护云平台方面发挥着至关重要的作用。在这项工作中，采用了二进制粒子群优化作为包装器特征选择方法和长短期记忆网络作为机器学习分类器的混合方法。该方法被用于检测入侵。建议的方法在一个名为 UNSW-NB15 的公共数据集上进行了检查。实验结果表明，检测传入入侵的性能良好，准确率为 92%。

参考文献

Alazzam H, Ahmad S, Khair E S, 2020. A feature selection algorithm for intrusion detection system based on Pigeon Inspired Optimizer [J] . Expert Systems with Applications 148: 113249.doi. .org/10.1016/ j.eswa. eswa.2020.113249. www.s ciencedirect.com/science/article/ pii/ S0957417420300749.

Almomani O, 2020. A feature selection model for network intrusion detection system based on PSO, GWO, FFA and GA algorithms [J] . Symmetry 12, no. 6: 1046.

Al-Yaseen W L, 2019. Improving intrusion detection system by developing feature selection model based on Firefly algorithm and support vector machine [J] . IAENG International Journal of Computer Science 46, no. 4.

Aneetha A S, Indhu T S, Bose S, 2020. Hybrid network intrusion detection system using expert rule based approach. In Proceedings of the Second International Conference on Computational Science, Engineering and Information Technology. Association for Computing Machinery, New York. NY: 47–51.

Aslahi-Shahri B M, Rasoul R, Chizari M, Maralani A, Eslami M, Mohammad J G, Ebrahimi A, 2016. A hybrid method consisting of GA and SVM for intrusion detection system [J] . Neural computing and applications 27, no. 6 (2016) : 1669–1676.

Bridges R A, Tarrah R G V, Michael D I, Maria S V, Qian C, 2019. A survey of intrusion detection systems leveraging host data. ACM Computing Surveys (CSUR) 52, no. 6: 1–35.

De la Hoz E, Eduardo D L H, Andrés O, Julio O, Antonio M, 2014. Feature selection by multi-objective optimisation: Application to network anomaly detection by hierarchical self-organising maps [J]. Knowledge-Based Systems 71: 322–338.

Dey S, Qiang Y, Srinivas S, 2019. A machine learning based intrusion detection scheme for data fusion in mobile clouds involving heterogeneous client networks [J]. Information Fusion 49: 205–215. doi.org/10.1016/j.inf fus.2019.01.002. www.sciencedirect.com/science/article/article//pii/S156625351 8306110.

Elmasry W, Akhan A, Abdul H Z, 2020. Evolving deep learning architectures for network intrusion detection using a double PSO metaheuristic [J]. Computer Networks 168: 107042.

Gamage S, Jagath S, 2020. Deep learning methods in network intrusion detection: A survey and an objective comparison [J]. Journal of Network and Computer Applications 169: 102767.

Ghosh P, Arnab K, Joy S, Santanu P, 2019. CSPSO based Intrusion Detection System in Cloud Environment [C]. In Emerging Technologies in Data Mining and Information Security, edited by Ajith Abraham, Paramartha Dutta, Jyotsna Kumar Mandal, Abhishek Bhattacharya, and Soumi Dutta: 261–269. Singapore: Springer Singapore.

Haibo H, Yang B, Garcia E A, Shutao L, 2008. ADASYN: Adaptive synthetic sampling approach for imbalanced learning [J]. In 2008 IEEE International Joint Conference on Neural Networks (IEEE World Congress on Computational Intelligence), 1322–1328. doi.org/10.1109/ IJCNN.2008.4633969.

Jyothsna V, Rama Prasad V V, 2016. FCAAIS: Anomaly based network intrusion detection through feature correlation analysis and association impact scale [J]. Special Issue on ICT Convergence in the Internet of Things (IoT), ICT Express 2, no. 3: 103–116. doi. org/10.1016/j.icte.2016.08.003.

Kennedy J, Russell E, 1995. Particle swarm optimization. In Neural Networks, 1995. Proceedings., IEEE International Conference on, vol. 4 , 1942–1948 vol.4. November. doi.org/ 10.1109/ ICNN.1995.488968.

Li Y, Jun-Li W, Zhi-Hong T, Tian-Bo L, Chen Y, 2009. Building lightweight intrusion detection system using wrapper-based feature selection mechanisms [J] . Computers & Security 28, no. 6: 466–475.

Li Y, Jingbo X, Silan Z, Jiakai Y, Xiaochuan A, Kuobin Dai, 2012. An efficient intrusion detection system based on support vector machines and gradually feature removal method [J] . Expert Systems with Applications 39, no. 1: 424–430.

Moustafa N, Jill S, 2015. UNSW-NB15: a comprehensive data set for network intrusion detection systems (UNSW-NB15 network data set) [J] . In 2015 Military Communications and Information Systems Conference (MilCIS) : 1–6. doi.org/10.1109/ MilCIS.2015.7348942.

Patel R, Amit T, Amit G, 2012. A survey and comparative analysis of data mining techniques for network intrusion detection systems [J] . International Journal of Soft Computing and Engineering (IJSCE) 2, no. 1: 265–271.

Prasad M, Sachin T, Keshav D, 2020. An efficient feature selection based Bayesian and Rough set approach for intrusion detection [J] . Applied Soft Computing 87: 105980.

Ravale U, Nilesh M, Puja P, 2015. Feature selection based hybrid anomaly intrusion detection system using K means and RBF kernel function [J] . International Conference on Advanced Computing Technologies and Applications (ICACTA) , Procedia Computer Science 45: 428–435.doi.org/10.1016/ j.procs.2015. 03.174. www. sciencedirect.com/science/article/pii/ S1877050915004172.

Selvakumar B, Karuppiah M, 2019. Firefly algorithm based feature selection for network intrusion detection [J]. Computers & Security 81: 148–155.

Shen S, Longjun H, Haiping Z, Shui Y, En F, and Qiying C, 2018. Multistage signaling game-based optimal detection strategies for suppressing malware diffusion in fog-cloud-based IoT networks[J]. IEEE Internet of Things Journal 5, no. 2: 1043–1054.

Sindhu S, Siva S, Geetha S, Kannan A, 2012. Decision tree based light weight intrusion detection using a wrapper approach [J]. Expert Systems with Applications 39, no. 1: 129–141. doi.org/10.1016/j.eswa.2011.06.013.www.scienced- irect. irect.com/ science/article/pii/S0957417411009080.

Subba B, Prakriti G, 2021. A tfidfvectorizer and singular value decomposition based host intrusion detection system framework for detecting anomalous system processes [J]. Computers Security 100: 102084.

Sun H, Xiaofeng W, Rajkumar B, Jinshu S, 2017. CloudEyes: Cloudbased malware detection with reversible sketch for resource-constrained internet of things (IoT) devices [J]. Software: Practice and Experience 47, no. 3: 421–441.

Thakkar A, Ritika L, 2020. Attack classification using feature selection techniques: a comparative study [J]. Journal of Ambient Intelligence and Humanized Computing 12, no. 1: 1–18.

Vinayakumar R, Mamoun A, Soman K P, Prabaharan P, Ameer A, Sitalakshmi V, 2019. Deep learning approach for intelligent intrusion detection system [J]. IEEE Access 7: 41525–41550. doi.org/10.1109/ ACCESS.2019.2895334.

Zhu Y, Junwei L, Jianyong C, Zhong M, 2017. An improved NSGA-III algorithm for feature selection used in intrusion detection [J]. Knowledge Based Systems 116: 74–85.

第 9 章 采用云端技术的新型直播平台

苏雅 · 帕尼克（Suja Panicker），
阿密特 · 内内（Amit Nene），
阿尼什 · 哈达斯（Ashish Hardas），
什拉达 · 坎布雷（Shraddha Kamble），
考斯图 · 布巴尔（Kaustubh Bhujbal）

9.1 引言

在新冠疫情的早期，人们尚未重视的时候，我们可以随便去剧院、上学、旅游、去餐馆和参加现场音乐会。然而，在短短6个月内，一切都发生了戏剧性的变化。人们被迫待在家里，他们找到了正常生活的替代方案。这方面的一个例子是，学生不能去学校，而是开始在网上听课。在其他日常生活事件中也出现了类似的情况。最终，现场音乐会在Zoom、谷歌会议等平台上在线举行。但音频和视频质量受损等问题是一个难题。为了播放流畅的在线音乐会并提高音频和视频质量，我们开发了一个特殊的视频会议应用程序。在考虑了各种替代方案后，OpenVidu平台的想法出现了，该平台使用WebRTC的概念进行实时通信。它进行了一些创新，并添加了新功能，例如：音频视频录制、聊天功能和高级相机功能。我们通过集成AWS和OBS等其他服务，开发了一个平台，该平台具有目前许多主要应用程序缺乏的功能。

9.2 研究动机

由于新冠疫情，人们迫切需要以在线模式举行会议和活动。目前，市场上有各种使用WebRTC技术进行视频会议的应用程序，这有助于顺利进行在线直播会议。目前市场上的这些应用程序大多适用于简单的语音通信，但不支持复调。复调意味着具有同时由两个或多个声音组成的音乐结构。这为克服复音问题和消除现场音乐会的噪声提供了动力，因此出现了这种新颖的应用程序。

9.3 文献综述

视频会议是一种利用通信媒体的技术，它允许位于地理位置分散的多个连接用户实时共享音频和视频内容（Samarraie et al, 2019; Krutka & Carano, 2016）。视频会议的使用在全球范围内不断增长，这主要归功于：人们更容易获得更大的带宽、更快的网络和计算速度。因此，视频会议已成为全球大多数发达国家和发展中国家的各种组织、学校等机构的解决方案提供商（Samarraie et al, 2019）。

尽管视频会议自 20 世纪 60 年代就已经存在，但与之相关的高成本使其无法为全球大多数组织所使用（Sondak et al, 1995）。在新冠疫情前的日子里，有几个关于教育领域视频会议的有趣案例研究（Al-Samarraie et al, 2019, Khalid & Hossan, 2016；Hampel et al, 2005），研究也包括医疗保健领域（Drude, 2020；Humer et al, 2020；Marhefk et al, 2020）。然而，本文研究的问题相当新颖，它对通过实时视频会议举行音乐会的艺术家来说将具有重要意义。

云计算领域的本体在尤瑟夫等人的研究中有生动的介绍（Youseff et al, 2008）。它的作者声称其研究对该领域作出了新贡献，它建立了一个清晰的云本体，这对其他研究人员来说意义重大。在这项工作中，云计算分为5个主要层：硬件层、软件基础设施层、内核层、软件环境层和应用层。

硬件层是其他层的基础，是系统的物理层。应用层是最顶层，作为各种浏览器和用户之间的接口。值得注意的是，尽管桌面即服务（DaaS）系统可以降低数据传输过程中的延迟，但仍不能排除数据泄漏。当前的安全机制包括公共密钥基础设施和用于云身份验证和授权的X.509 SSL证书。另一个重要问题是数据所有权问题。当前的工作解决了这些层面上的权衡和挑战。还有人指出，由于缺乏标准，不同的云提供商通常以不同的方式处理所有权和数据隐私政策。还值得注意的是，与提供一般分类的一些现有工作（Sabahi et al, 2012）相比，当前的工作更加系统化、科学，也解决了尤瑟夫的研究挑战（Youseff et al, 2008）。

在这个领域已经有几个研究实例。一个重要的项目是隆巴迪亚等人的研究（Lombardia et al, 2010），它展示了如何将保护机制与也是云基础设施组件的虚拟机集成来提高云安全性。此外，该研究还提出了一种提供更高安全性的创新架构，部署在多个云解决方案上，从而可以监控完整性，同时该架构对云用户也是完全透明的。它在以下解决方案（开源）上成功实现了原型：OpenECP和Eucalyptus。其研究目标是：有效性和性能。实验结果表明攻击会反弹，并且观察到项目的启动需要少量间接费用，但与众多其他好处相比这可以忽略不计。

在艾丹等人的研究（Edan et al, 2017）中，WebSocket协议被用于两个浏览器之间发生的通信。此外，WebRTC用于视频会议以提供双向通信，并在不同的网络类型上进行实验。它记录了CPU的性能、体验质量和使用的带宽，并用于基准测试。他们下一步计划创建一个向无限对等点移动的信号机制，并应用于进一步的网络拓扑，将 WebRTC 与 IAX2、SIP 等其他流行协议进行比较。

WebRTC 为现有的网络浏览器提供了一项新功能，从而允许不同浏览器之间的音视频通话，而无须安装视频电话。WebRTC 中的拥塞控制由谷歌提供。然而，由于使用了恒定的输入速率降低因子，后者的性能有限。有人提出了一种动态模型，用于在使用率非常高的会话期间估计接收带宽。经过充分的实验，一些研究人员注意到使用特定测试平台有助于使用所提出的模型将传入率提高 33%，同时减少 16% 的往返时间（Atwah et al, 2015）。

为了深入了解使用 WebRTC 进行视频会议期间的体验质量，穆尔等人（Moor et al, 2017）对 22 名受试者进行了一项试点研究。在不同的技术条件下，研究期间发生了两方视听通信。研究人员收集了自我报告、生理数据和其他统计数据，并就有效评估体验质量的有用性和兼容性进行了探索。初步结果表明，从自我报告中可以明显看出不同的质量。该研究计划下一步开展大样本量、用生理数据进行的基准测试以及对其他潜在因素的深入研究。

基于 WebRTC 的 P2P 系统用于在实时视频会议中提供可扩展性已在阿普等人的研究（Apu et al, 2017）中进行了试验，结果最终表明 WebRTC 具有在浏览器中进行可扩展会议的能力。格洛泽夫等人已经试验了一种创新的多功能视频会议解决方案（Grozev et al, 2018）。方案使用了地理位置的概念，并尝试了分布式模式，其中一个会议被拆分并分发到多个服务器。

从表 9.1 中可以看出，目前现有的应用程序存在各种技术限制，因此我们提出的解决这些缺点的工作很有用。选择合适的在线平台的关键因素包括：可访问性、可用性、成本、用户友好性和安全性（Connolly et al, 2020）。

表 9.1　研究的亮点

参考文献编号	作者	发表年份	使用的基本概念	优点	研究空白
Xu et al, 2012	Hongfeng Xu, Zhen Chen, Junwei Cao	2012	使用了各种流媒体技术：HTTP 实时流媒体、RTSP、Adobe Flash 等	1. 内容缓存 2. 位置独立性	1. 可用性 2. 位置独立性
Sondak et al, 1995	Jiushuang Wang; Weizhang Xu; Jian Wang	2016	由于更智能的网络、更快的互联网和最新的流媒体技术，将多媒体整合到手机上，为用户通信增加了巨大的价值	1. 流媒体视频可以提高你的生产率 2. 视频流具有灵活性	1. 视频没有被保存 2. 电池寿命短
Smiti et al, 2018	Puja Smiti, Swapnita Srivastava Nitin Rakesh	2018	评价了各种压缩技术	在为移动用户重新获取数据之前增强视频传输标准	升级视频的质量
Stefan et al, 2020	George Suciu, Stefan Stefanescu, Marian Ceaparu, Cristian Beceanu	2020	讨论实时通信及其优势	流式传输音视频数据，使用其他 WebRTC 客户端更改 IP 地址 / 端口	来自另一个 LAN 的任何参数将无法访问端点的地址

9.4　本文提出的工作

本文提出的系统的重点是为表演者提供一个平台，以播放具有良好音频和视频质量的在线音乐会。

在本文提出的系统中（图 9.1），主要关注点是在电话会议应用程序中提供优秀的音视频，表演者可以在在线平台上展示才华。

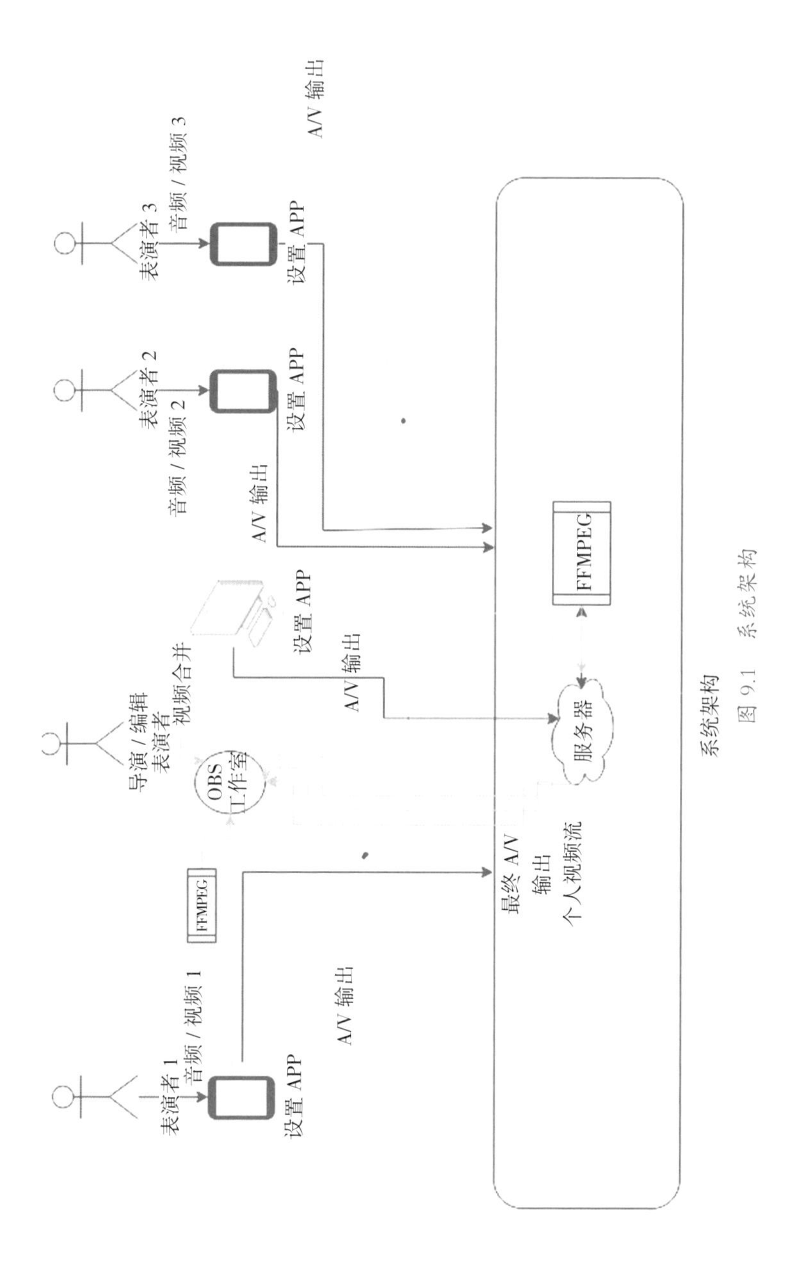
表演者 1
音频 / 视频 1
设置 APP
A/V 输出
FFMPEG
导演 / 编辑
表演者
视频合并
OBS
工作室
设置 APP
A/V 输出
服务器
FFMPEG
表演者 2
音频 / 视频 2
设置 APP
A/V 输出
表演者 3
音频 / 视频 3
设置 APP
A/V 输出
最终 A/V
输出
个人视频流
系统架构

图 9.1 系统架构

在该架构中，表演者可以通过任何跨平台加入会话。用于建立电话会议会话的技术是OpenVidu。OpenVidu服务器有助于建立高质量的电话会议。通过OpenVidu建立的会话会进一步流式传输到OBS工作室，这是一个免费和开源的跨平台流和录制程序，使用Qt（用于开发图形用户界面的工具包）构建。通过OBS工作室成功生成流后，我们使用各种AWS服务建立实时会话，使用云前端技术供全球用户访问。

下面给出了有关OpenVidu和AWS的详细信息。

- OpenVidu：表演者可以通过跨平台应用程序连接到OpenVidu会话。导演或主持人可以控制平台上的流媒体，进而控制流的音频和视频质量。
- AWS：OpenVidu应用程序使用AWS部署。借助这一点，我们可以通过CloudFront技术为用户提供我们的服务。

9.5 使用的技术和实验

图9.2所示技术的详细信息如下所述。

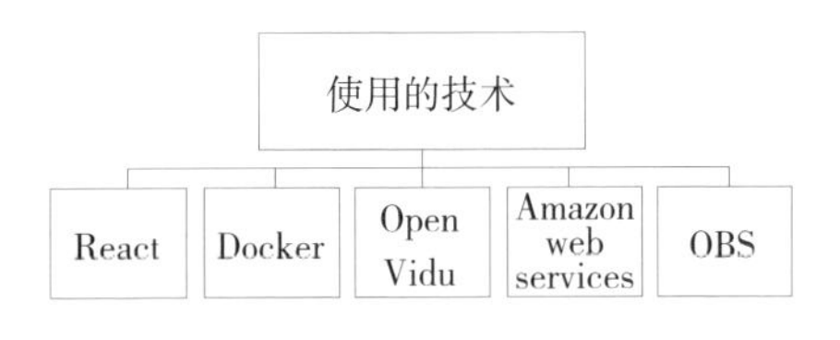

图9.2 使用技术的概览

9.5.1 React

React 是一个前端的开源 JavaScript 库，用于开发用户界面及组件。它可以作为开发网页端或移动端应用程序的基础。构建基于 React 的应用程序需要附加库来进行路由和状态管理。

React 的优点：

- 易学易用。
- 任何了解 JavaScript 的人都可以在短时间内熟悉 React。这对于希望开始使用这项技术的新手来说是非常有利的。
- 它具有可重复使用的组件。每个组件都控制着单独的渲染过程，并有自己的内在逻辑，在未来的任何时候都可以重用。代码重用是一个重要特征，它有利于使应用程序易于构建以及易于未来维护。
- 它有很棒的开发者工具。它允许检查虚拟 DOM 中的 React 组件层次结构。虚拟 DOM 是一个 React 特定的术语。开发者可以选择和检查单个组件，并且可以编辑它们的当前属性和状态。

9.5.2 Dockers

作为平台即服务产品的集合，Docker 在操作系统级别使用虚拟化来确保在容器（Container）中交付软件。 这些容器可以看作包。隔离是这些容器的一个重要特征，它们捆绑了单独的软件、配置文件和库。这些容器通过不同的预定义通道与其他容器通信。 单个操作系统内核便可以运行这些容器，因此与虚拟机相比，它使用的资源相对较少。

9.5.3 OpenVidu

OpenVidu 是一个基于 WebRTC 的开源应用程序，它促进了基于互联网的实时通信，有助于进行视频会议，它包括许多对开发应用程序有用的技术。借助 OpenVidu 开发应用程序既简单又高效，因为它处理了 WebRTC 的一部分协议。它提供不同的 API 来制作 OpenVidu 客户端和服务器端的支持 WebRTC 的应用程序。它没有使系统超载，而是使系统具有新功能，并可以根据 CPU 上的负载自动让集群增长或缩小。

OpenVidu 浏览器：这是客户端使用的库。它适用于 TypeScript 和 JavaScript。浏览器可以创建视频通话、将用户加入这些通话、接收或发送文件（音频、视频）等。OpenVidu 浏览器可以有效管理 OpenVidu 中可用的所有操作（Marhefk et al, 2020）。

OpenVidu 服务器：这是处理服务器端所有功能的应用程序。OpenVidu 浏览器将操作发送到此服务器。服务器在技术上负责建立和管理视频通话。个人用户很少需要明确使用它（Apu et al, 2017）。OpenVidu 提供的服务优势包括支持使用 WebRTC（Grozev et al, 2018）的任何通信组合（例如一对一）、跨平台兼容性（例如，桌面应用程序、苹果、安卓、Opera、Edge、Safari、Chrome 或火狐）和易用性（Wang et al, 2016）。

消息广播：在 OpenVidu 中，用最少（几行）代码实现聊天是可行的。基于文本的任何类型的通信以及发生在不同用户之间的通信，都可以在 OpenVidu 中轻松实现（Smiti et al, 2018）。

录音：你可以完全自由地录制视频通话。OpenVidu 提供了预定义的布局，但个人可以在执行任何任务时自由使用自定义布局（Stefan et al, 2020）。

屏幕共享：OpenVidu 允许客户端共享屏幕以进行数据交换（Connolly et al, 2020）。

音频和视频过滤器：OpenVidu 的一项重要特性是它允许用户实时应用音频和视频过滤器的技术（基于 WebRTC）。它可以使用条形码检测、色度背景设置、音量放大等功能。 这些以及更多类似的功能都集成在 OpenVidu 的 API 中。

IP 摄像机：IP 摄像机可以在 OpenVidu 会话中发布。

使用 OpenVidu 的步骤：

- 首先，为了让基于 WebRTC 的应用程序在不同的系统上运行，我们安装了 Docker。
- 在 Docker 和虚拟机上使用 WebRTC 服务器来帮助下载图像。
- OpenVidu 支持不同的平台，我们可以根据这些平台设计我们的应用程序。
- 我们在这里使用了一个应用程序，例如 React。
- 我们使用 JavaScript 库来设计用户界面组件。
- 通过为 OpenVidu 安装 React 库，我们安装了 OpenVidu 的 React 版本。
- 在这里，我们可以使用 JavaScript 进行与应用程序功能相关的更改。

- 我们可以对重新编码、音频、视频或聊天进行自定义更改。
- 对于这些功能的更改，我们使用 JavaScript 编程语言。
- 然后我们在本地主机服务器上运行 OpenVidu。
- 链路的进一步开发由亚马逊云计算服务负责。

9.5.4 亚马逊云计算服务

我们系统中使用的亚马逊云计算服务有助于为云计算和 API 提供按需平台，这些平台可以在预付费的基础上进行管理。云计算为分布式计算提供技术基础设施、基本抽象和构建块。亚马逊云计算服务为我们提供计算能力、数据库存储和内容交付服务。它还为订阅者的系统提供安全性。

- 亚马逊弹性计算云：亚马逊弹性计算云允许终端用户拥有一个虚拟集群。亚马逊弹性计算云允许用户租用虚拟计算机来运行他们的个人应用程序。它为用户提供了完全的地理控制。
- 亚马逊云科技：我们在系统中使用了亚马逊云计算服务 CloudFront，因为它是一种具有低延迟和高数据传输速度的内容交付 Web 服务。云科技是亚马逊云计算服务的内容交付网络（CDN），它提供代理服务器的全球分布式网络。代理服务器将视频、大数据等各种内容缓存在本地给客户，从而提高内容下载的访问速度。
- 亚马逊云存储服务（Amazon S3）：我们在项目中使用亚马逊云存储服务来存储 OpenVidu.yaml 文件。亚马逊云存储服务通过 Web 服务接口提供对象存储。该服务用于部署的云形成步骤。亚马逊云存储服务可用于存储 Internet 应用程序、灾难恢复、备份、数据湖、数据存档、混合存储和分析。

- 亚马逊身份和访问管理：亚马逊云计算服务身份和访问管理（IAM）是一种 Web 服务，有助于安全地控制对亚马逊云计算服务资源的访问。身份和访问管理用于控制谁经过身份验证（登录）和授权（有权）使用资源。该服务用于部署的实例创建步骤。通过使用亚马逊云计算服务，成功完成了以下任务。
- 亚马逊云计算服务 EC2 实例运行：创建 EC2 实例是因为它是亚马逊弹性计算云中的虚拟服务器，用于在亚马逊云计算服务基础设施上运行应用程序。EC2 服务允许我们在计算环境中运行应用程序。

OpenVidu 会话是在 OpenVidu React 技术的 Docker 化之后建立的。

一旦成功创建堆栈，系统就会生成一个 OpenVidu URL，从该 URL 可以连接到 OpenVidu 服务器，并直接进行会话。

9.5.5 OBS

该平台的基础是在 OpenVidu 的帮助下创建的。系统还需要一个平台来流式传输实时提要。研究指出了一个名为 OBS 的平台。OBS 可从任何随机平台直播任何内容。OBS 提供的功能使流媒体传播更容易并且更可靠。使用 OBS 进行直播的过程非常简单，用户只需使用正在使用的平台生成的 URL 和流媒体密钥。 OBS 还提供了一些有助于提高流的音频、视频质量的功能。通过使用这些功能，用户可以完美地直播内容而不会出现任何问题。

Open Studio 是一个解决游戏录制和直播的开源解决方案。这是一个免费的应用程序，经过专业设计，可以最终使多个用户能够无缝地使用各种来源，从而创建无忧的直播体验。它成功地使用户可以从网络摄像头和麦克风开始录制，并结合周围的视频，捕获整个窗口或屏幕的所需部分，在游戏画面中插入（Telerik, 2021）。

9.6 应用

除了这项工作所涵盖的应用程序外，还有其他应用程序。其中一些将在下面讨论。

9.6.1 卫生保健

在过去的 10 年中，视频会议在医疗保健领域的使用激增。这些会议可以为生活在缺乏医疗设施的农村、偏远地带的患者提供无缝支持，以及在时间方面的效率。根据该领域先前的研究，患者可以省去去医院的时间，特别是在紧急情况下，患者可以舒适、便利地在家进行医疗咨询。这种情况对于老年患者和患有长期疾病的人也是非常有利的（Ignatowicz et al, 2019; Taylor et al, 2015; Raven et al, 2013; Stain et al, 2011; Wynn et al, 2012; Good et al, 2012; Edirippulige et al, 2013）。

尽管有很多证据表明，视频会议可以有效地在患者和各自的医疗保健从业者之间提供咨询，但还有其他社会问题需要考虑，例如：对预期结果的影响、成本因素、伦理和实际使用问题。

9.6.2 教育

隆巴迪亚等人的研究表明，视频会议已被成功地用作全球教育工作者和学生社区的学习工具（Lombardia et al, 2010）。其优点包括促进两者（教师和学生）的有效沟通。在新冠疫情期间尤其如此，在这种情况下，进行面对面会面是很困难的。隆巴迪亚等人阐述了通过视频会议提供高等教育的各种优势和问题，还深入介绍了与各种类型的视频会议有关的详细调查，例如：交互式视频会议、桌面视频会议、网络视频会议。调查结果表明在这种情况下，学生的学习成果可能存在差异。这主要是由于缺乏面对面的交流。桌面视频会议为学生提供了一个极好的协作环境来分享他们的想法和资源。这对所有人都有益，包括文化交流方面。学生可以与教师直接互动，这很容易促进学生更好地表现和学习。双方可以以学生自己的节奏掌握教学和学习的灵活性和自由度。桌面视频会议的挑战包括：需要为学生提供必要的技术支持，以使他们熟悉并习惯新的学习模式。由于在讨论中不愿开口，学生在处理语言变化、中断，以新方式学习时可能会遇到困难。这需要进一步研究以检查学生在视频会议学习期间的各种认知行为因素。

9.6.3 驾驶员监控系统

在安装在车辆仪表板上的智能手机的帮助下，卡舍夫尼克等人提出了一种用于监控驾驶员的基于云的系统（Kashevnik et al, 2020）。作者声称这是同类产品中的首例。根据驾驶员的驾驶历史，该系统会提供驾驶建议。

此外，该系统还可以识别可能的危险情况，包括分心、困倦、酒后驾驶、心率加快、精神压力等。云资源被适当地用于成功检测这些条件。该系统的实施方法包括移动应用、统计、Web 服务和分析。该系统会生成报告供管理员使用。另一个值得注意的优势是系统在驾驶会话中阻止了对其他不相关的应用程序的使用，包括消息传递。这样，安全性得到了保障。尽管有许多优点，但该系统仍存在以下限制：由于光照条件变化导致的差异、互联网不稳定、在 GPS 不可用的地区无法使用等。

9.7 创新性

- 我们的工作是一项支持复音的新颖实验。
- 用户可以点播观看，也可以下载观看。
- 该应用程序支持录音和聊天功能。
- 该应用程序的设计考虑了所有关键利益相关者：艺术家、活动经理等。

9.8 科研贡献

- 在撰写本文时，由于新冠疫情，艺术家们无法亲自主持和参加音乐会。 然而，对于普通人来说，继续他们的日常活动很重要，在线模式已经成为一个很大的优势。WebRTC 使我们能够在线召开会议、活动并进行流式传输。 用户可以在家中观看流媒体，通过使用其他有助于他们随时下载和观看的媒体服务。

- 还有一点需要注意的是，在其他应用程序中演奏音符时，通常会出现噪声干扰。本文中的研究已经克服了这一点。
- 对于地理上分散的观众来说，无缝地举办在线音乐会非常有用。
- 本研究的优势包括成本效益、可靠性、效率、易于部署、低延迟和增强的用户体验。

9.9 未来的工作

通过支持部署 OpenVidu 的文档，系统可以使用 CloudFront 将流提供给用户。在该项目的未来阶段，系统可以使用 Elemental Media 等其他 AWS 服务来转换 CloudFront。

9.10 结论

近年来，视频会议应用程序的使用激增。其挑战包括：对大量参与者的无缝支持、有效处理与参与者成员资格相关的积极变化的能力，最重要的是，应对不断增加的带宽需求（Apu et al, 2017）。

本文已经介绍了基于 OpenVidu 的新型优质电话会议应用程序的系统架构和详细的实验以及如何实现。该系统可以帮助表演者在世界范围内展示他们的才华。在 CloudFront 技术的帮助下，多个用户可以加入一个在线会话，在那里他们可以体验到质量更好的视频和音频，从而促进了地理上、网络上的视频流传输。与市场上可用的其他电话会议应用程序相比，该系统成本低、可靠、高效。借助 CloudFront 技术，只需点击几下，我们的应用程序就可以轻松部署到全球多个地区。以更低的成本为客户提供更短的延迟和更丰富的体验是我们的目标。这将提高项目的速度和敏捷性。本文中描述的概念证明将对社区非常有用。

9.11 术语表

- WebRTC：Web 实时通信
- AWS：亚马逊网络服务
- OBS：开放广播软件
- RTSP：实时流协议
- HTTP：超文本传输协议
- HLS：HTTP 直播流
- HTML：超文本标记语言
- RTC：实时通信
- DOM：文档对象模型
- API：应用程序接口
- CPU：中央处理器
- IP：互联网协议
- EC2：弹性计算云
- CDN：内容交付网络
- S3：简单存储服务
- IAM：身份和访问管理

致谢

本文研究（概念、设计、源代码、原型）的全部所有权归第二作者所有，第二作者提供了与当前项目相关的概念和问题陈述。阿米特·内内（Amit Nene）为这项工作提供了所有技术支持和指导，并审查了手稿。苏加·潘内克（Suja Panicker）担任本文所述实习项目的大学主管。她协调和监督整个研究论文的写作过程，指导实习生进行论文写作、校对、审查和修改工作，并积极贡献内容。阿什·哈达斯（Ashish Hardas）、什拉达·坎布尔（Shraddha Kamble）和考斯图布·布杰巴尔（Kaustubh Bhujbal）在 LastMinute Productions AU 担任实习生，并在公司主管阿米特·内内的指导和监督下工作，将当前工作作为他们学术实习项目的一部分。阿什·哈达斯在苏加·潘内克的指导下积极地修改了草案。所有这些人都为论文的写作作出了贡献。

参考文献

Al-Samarraie H, 2019. A scoping review of video conferencing systems in higher education learning paradigms, opportunities, and challenges［J］. International Review of Research in Open and Distributed Learning, 20（3）, pp. 121–140 doi.org/ 10.19173/irrodl.v20i4.4037.

Armfield N R, Bradford M, Bradford N K, 2015. The clinical use of Skype: For which patients, with which problems and in which settings? A snapshot review of the literature［J］. International Journal of Medical Informatics, 84, 10: 737–742.

Atwah R, Iqbal S, Shirmohammadi S, Javadtalab A, 2015. A dynamic alpha congestion controller for WebRTC［J］. IEEE International Symposium on Multimedia（ISM）, Miami, FL, USA, 2015, pp. 132–135, doi: 10.1109/ISM.2015.63.

Drude K P, 2020. A commentary on telebehavioral health services adoption［J］. Clinical Psychology: Science and Practice, 10.1111/cpsp.12325, 27（2）. Wiley Online Library.

Boris G, George P, Emil I, Thomas N, 2018. Considerations for deploying a geographically distributed video conferencing system［J］. 2018 IEEE 8th Annual Computing and Communication Workshop and Conference（CCWC）, 2018, pp. 357–361, doi: 10.1109/ CCWC.2018.8301726.

Connolly S L, Miller C J, Lindsay J A, Bauer M S, 2020. A systematic review of providers' attitudes toward telemental health via videoconferencing［J］. Clinical Psychology. Science and Practice, 27, 2: 1–19.

De Moor K, Arndt S, Ammar D, Voigt-Antons J, Perkis A, Heegaard P E, 2017. Exploring diverse measures for evaluating QoE in the context of WebRTC. Ninth International Conference on Quality of Multimedia Experience（QoMEX）, Erfurt, Germany, pp. 1–3, doi: 10.1109/QoMEX.2017.7965665.

Edan N M, Al-Sherbaz A, Turner S, 2017. Design and evaluation of browser-to-browser video conferencing in WebRTC［J］. 2017 Global Information Infrastructure and Networking Symposium（GIIS）, Saint Pierre, France, pp. 75–78, doi: 10.1109/ GIIS.2017.8169813.

Edirippulige S, Levandovskaya M, Prishutova A, 2013. A qualitative study of the use of Skype for psychotherapy consultations in the Ukraine［J］. J Telemed Telecare, 19, 7: 376–378.

Good D W, Lui D F, Leonard M, et al, 2012. Skype: A tool for functional assessment in orthopaedic research［J］. J Telemed Telecare, 18, 2: 94–98.

Hampel R, Stickler U, 2005. New skills for new classrooms: Training tutors to teach languages online［J］. Computer Assisted Language Learning, 18（4）, 311–326. doi.org/ 10.1080/09588220500335455.

Humer E, Pieh C, Kuska M, Barke A, Doering B K, Gossmann K, Trnka R, Meier Z, Kascakova N, Tavel P, Probst T, 2020. Provision of Psychotherapy during the COVID-19 pandemic among Czech, German and Slovak psychotherapists[J]. International Journal of Environmental Research and Public Health, 10.3390/ ijerph 17134811, 17（13）.

Ignatowicz A, Atherton H, Bernstein C J, Bryce C, Court R, Sturt J, Griffiths F, 2019. Internet videoconferencing for patient-clinician consultations in long-term conditions: A review of reviews and applications in line with guidelines and recommendations［J］. Digital Health, 5, 2055207619845831.doi. org/10.1177 /2055207619845831.

Kashevnik A, Lashkov I, Ponomarev A, Teslya N, Gurtov A, 2020. Cloud-based driver monitoring system using smartphone［J］. IEEE Sensors Journal, 20（12）, pp. 6701–6671.

Ibn Zinnah Apu K, Mahmud N, Hasan F, Hossain Saga S, 2017. P2P video conferencing system based on WebRTC［J］. International Conference on

Electrical, Computer and Communication Engineering（ECCE）, February 16–18, 2017, Cox's Bazar, Bangladesh.

Khalid M S, Hossan M I, 2016. Usability evaluation of a video conferencing system in a university's classroom［J］. In Proceedings of the 19th International Conference on Computer and Information Technology（ICCIT）, pp. 184–190. IEEE. doi.org/10.1109/ ICCITECHN.2016.7860192.

Krutka D G, Carano K T, 2016. Videoconferencing for global citizenship education: Wise practices for social studies educators［J］. Journal of Social Studies Education Research, 7（2）, 109–136. Retrieved from jsser.org/index.php/jsser /article/view/176/169.

Flavio L, Roberto D, 2010. Secure virtualization for cloud computing［J］. Journal of Network and Computer Applications, 34, 4: 1113–1122.doi: 10.1016.1016.06.008.

Marhefk S, Lockhart E, Turner D, 2020. Achieve research continuity during social distancing by rapidly implementing individual and group videoconferencing with participants: Key considerations, best practices, and protocols［J］. AIDS and Behavior, 24:1983–1989.

Raven M, Butler C, Bywood, P, 2013. Video-based telehealth in Australian primary healthcare: Current use and future potential. Australian Journal of Primary Health, 19: 283–286.

Sabahi F, 2012. Secure virtualization for cloud environment using hypervisor-based technology［J］. International Journal of Machine Learning and Computing, 2（1）: 39–45.

Smiti P, Srivastava S, Rakesh N, 2018. Video and audio streaming issues in multimedia application conference［J］. 2018 8th International Conference on Cloud Computing, Data Science & Engineering（Confluence）. IEEE, pp. 360–365, doi: 10.1109/ CONFLUENCE.2018.8442823.

Sondak N E, Sondak E M, 1995. Video conferencing: The next wave for international business communication［J］. In Proceedings of the Annual Conference on Languages and Communication for World Business and the Professions, pp. 1–10. www.learntechlib. org/p/80886/.

Stain H J, Payne K, Thienel R, et al, 2011. The feasibility of videoconferencing for neuropsychological assessments of rural youth experiencing early psychosis［J］. J Telemed Telecare, 17: 328–331.

Stefan, G S, Beceanu, S C, Ceaparu M, 2020. WebRTC role in real-time communication and video conferencing conference. 2020 Global Internet of Things Summit（GioTS）IEEE, Dublin, Ireland.

Taylor A, Morris G, Pech J, Rechter S, Carati C, Kidd M R, 2015. Home telehealth video conferencing: Perceptions performance. JMIR Mhealth Uhealth, 3（3）: e90.

Wang J, Xu W, Wang J, 2016. A study of live video streaming system for mobile devices［J］. International Conference on Computer Communication and the Internet（ICCCI）. IEEE, Wuhan, China.

Wynn R, Bergvik S, Pettersen G, et al, 2012. Clinicians’ experiences with videoconferencing in psychiatry［J］. Stud Health Technol Inform, 180: 1218–1220.

Xu H, Chen Z, Cao J, 2012. Live streaming with content centric networking［J］. The Third National Conference on Networking and Distributed Computing. IEEE, Hangzhou, China1-5.

Youseff L, Butrico M, Dilma D S, 2008. Toward a unified ontology of cloud computing［J］. Grid Computing Environments Workshop. IEEE, Austin, TX, USA, 2008, pp. 1–10, doi: 10.1109/GCE.2008.4738443.

第 10 章 农业 5.0 在印度的机遇与挑战

拉耶什 · 提瓦利（Rajesh Tiwari），
凯姆 · 昌德（Khem Chand），
阿尔文 · 巴哈特（Arvind Bhatt），
比马尔 · 安居姆（Bimal Anjum），
蒂鲁纳卡拉苏 · K.（Thirunavukkarasu K.）

10.1 引言

本文讨论了印度对农业5.0的需求：人工智能的应用范围、移动应用程序、无人机、农业中的区块链和滴灌。

10.2 农业：问题和解决方案

10.2.1 印度的农业

农业占世界经济生产总值的6.4%，占用了全球40%的劳动力，为全球贡献了5万亿美元的产值（Tomu, 2020）。印度大部分地区都依赖农业。印度有8亿人依靠农业为生，农业占印度国内生产总值的16%（Prakash & Parija, 2019）。机械化落后导致印度农业生产力低下。印度的农业机械化水平为40%，而中国为59.5%，巴西为75%（Pib, 2020）。

印度农民生产力低下的情况令人担忧。根据印度国家转型研究所副主席的说法，印度80%的穷人依靠农业为生（Huffpost, 2017）。印度的稻谷产量为每公顷3500公斤，而中国为7000公斤，澳大利亚为10000公斤。印度的小麦产量为每公顷3000公斤，而中国为5000公斤（Sangal, 2018）。缺乏运用农业技术的意识、农场规模小、补充投入品供应不足、风险规避和人力资本不足，限制了农业技术在印度的采用（Feder et al, 1985）。

帝国烟草公司 e-Choupal 的成功是印度农民采用技术的开始。帝国烟草公司的 e-Choupal 于 2000 年推出，是世界上最大的面向农民的农村互联网计划。帝国烟草公司的 e-Choupal 正在通过 6100 个信息亭连接来自 10 个州的 35000 多个村庄的 400 万印度农民（itcportal, 2020）。 e-Choupal 因其在赋予农民使用技术权力方面的作用而获得国家和国际奖项。由纳伦德拉・莫迪（Narendra Modi）领导的政府通过有力的措施增强了人们的信心（Rana & Tiwari, 2014）。

精准农业关注的是用更少的资源、更低的成本以及管理田地的变化来增加产量（CEMA, 2018）。数字农业将精准农业与网络和数据管理相结合（CEMA, 2018）。数据分析可用于自动化农业流程。数字农业依赖于机器与机器、机器与云以及云与云之间的连接。农业 4.0 也称为数字农业或智能农业，通过结合远程信息处理和数据管理来专注于精准农业。农业 5.0 涉及精准农业以及机器人和人工智能的使用（Khan & Kannapiran, 2019; Rubio & Mas, 2020）。通过解决与数量、质量、储存和分配相关的问题，农业技术可以产生转型效应（Chakravarty, 2018）。农村地区对农业技术的采用对赋予妇女权力产生了积极影响（Anjum & Tiwari, 2012a）。缺乏先进技术会导致农业生产力低下，令农村家庭面临失业问题。失业和技能低下则会对经济增长产生不利影响（Khem et al, 2017）。

工业化将导致印度耕地面积减少。印度西部各邦：马哈拉施特拉邦、古吉拉特邦、拉贾斯坦邦和中央邦估计到 2030 年将拥有 65% 的城市人口（Maiervidorno, 2020）。随着人口的增长和耕地的减少，技术是提供可持续粮食供应和提高农业生产效率的可行解决方案。由于城市化的压力，农业用地正在逐渐转变为非农业用途。技术可以提高生产力，以弥补农业用地的损失。机器人技术已经在几个国家降低了运营成本并提高了生产力（Reddy et al, 2016）。但是，政府需要确定小农的负担能力，以使其在印度可行。政府需要金融工程来使小农和边缘农民能够负担得起机器人技术的成本。农业技术可以增强农村家庭的产能、治理水平，赋予妇女权力以及助其获得更好的生活质量，包括接受教育（Anjum & Tiwari, 2012a; Anjum & Tiwari, 2012b; Khan et al, 2021）。

水资源短缺是印度面临的一大挑战。印度78%的水用于农业（Reddy, 2020）。技术可以提高农业用水效率。技术可以通过减少化肥和杀虫剂的使用来降低运营成本。技术通过减少化学物质向河流和地下水的排放，从而对环境产生积极影响（Reddy, 2020）。滴灌和喷灌系统可以减少70%的用水量，并将作物产量提高20%至90%（Reddy, 2020）。绿色房屋种植可以提高产量，也可以用于雨水收集。在每年降雨量为400毫米的地区，会有70000升雨水落在屋顶上，即使收集80%也会有56000升水（Reddy, 2020）。

印度的作物管理一直采用传统方法。通过分析需求、定价和天气条件，技术可以为作物选择带来科学视角，机器人技术提供了对作物进行自动分级和分类的机会（Chakravarty, 2018）。供应链效率低下会导致农业产出的巨大损失。技术采用可以提高效率并减少浪费。帝国烟草公司的e-Choupal对公共部门的粮食管理系统产生了连锁反应（Seth & Ganguly, 2020）。

本文探讨了农业部门的颠覆性技术，包括技术的获取、理解、可负担性和在实施方面影响农民的关键问题。本文通过提出一个与农民联系的模式，通过技术作为提高效率和经济成果的工具，试图将他们转变为新时代的农民，从而为农业 5.0 的实施作出了贡献。

10.2.2 人工智能

人工智能为农民提供了对作物产量、害虫管理、作物病害预测、天气预报、土壤健康和地面指标的数据，以帮助他们做出明智决策。CropIn Technologies 与世界银行合作，正在比哈尔邦和中央邦提供历史作物产量数据，这些数据可用于机器学习，以预测未来产量。遥感用于跟踪农作物。The Weather Company 能够提供有关温度和土壤湿度的数据，以便农民可以在正确的时间进行灌溉。气象部门与 Agro Star 则一起致力于开发作物病害预测算法。IBM 已与印度政府农业部签署了一份意向声明，以使用人工智能在农业领域提供技术解决方案（Mendonca, 2019）。Agnext 是一家初创公司，致力于为农业部门的质量评估提供基于人工智能的技术解决方案。Agnext 被荷兰合作银行评为亚洲最佳农业科技公司。Agnext 提供基于人工智能的图像分析、光谱分析和传感器分析。

10.2.3 移动端应用

智能手机在印度农村地区的普及提供了通过移动应用程序将农民与技术联系起来的机会。印度国家电子农产品市场（e-NAM）的一项政府举措为农产品提供了电子交易平台。旁遮普邦政府启动了旁遮普邦遥感中心与农民建立联系。遥感中心通过 i-khet 机器、e-PeHal 和 e-Prevent 提供服务（Udas, 2020）。马恒达集团（Mahindra & Mahindra）为农民推出了一款拖拉机租赁应用程序，名为Trringo。自2016年推出以来，Trringo拥有超过15万农民注册。Trringo获得了国际数据公司数字化转型奖（Trringo, 2020）。Trringo降低了农民的成本，因为他们只为实际使用付费。塔塔信托（Tata Trust）在塔塔咨询（Tata Consultancy Services）的支持下开发了mKrishi移动技术，用于实现最后一公里连接的技术，并为农民提供咨询服务。mKrishi应用程序通过即时通信、交互式语音应答和手机通话提供有关天气更新、害虫防治、最佳实践的咨询服务。mKrishi应用程序拥有来自旁遮普邦、古吉拉特邦、泰米尔纳德邦和马哈拉施特拉邦的40万用户，他们获得了九种作物的专家结论（Tatatrusts, 2020）。

10.2.4 无人机

无人机使用传感器收集实时数据，包括土壤情况、作物生长情况、干旱地区情况、害虫和作物病害以及喷洒情况。动态遥控导航设备，也称无人驾驶飞行器，可以远程监测作物、土壤状况、天气状况、进行作物损失评估以及农业相关活动（Mohapatra, 2016）。无人机还可用于播种、作物识别、作物喷洒、保护作物免受动物损害、检测病毒以及安排作物灌溉。无人机还可用于植树造林（Rani et al, 2019）。145家农业无人机公司在全球开展业务（Traxcn, 2020）。在印度，有40多家初创公司在无人机领域开展工作（Rawat, 2020）。据粮农组织驻菲律宾代表何塞·路易斯·费尔南德斯（Jose Luis Fernandez）称：

在农业中采用现代技术，例如使用无人机，可以显著加强风险和损害评估，并彻底改变我们应对农业和渔业灾害的方式和国家的粮食安全状况（FAO，2020）。

无人机可以在一天内对600公顷的土地进行评估（FAO, 2020）。这可以加快土地评估和量化。TartanSense是一家位于班加罗尔的无人机初创公司，成立于2015年。TartanSense使用近红外传感器来检测健康作物。它可以在一天内分析700公顷的航拍图像。1 Martian Way Corporation是一家位于孟买的公司，专注于为无人机提供基于人工智能的产品。Cron Systems为无人机提供多传感器扫描仪。Aarav Unmanned Systems是印度商用无人机的领导者。无人机技术实验室（Drones Teeh Lab）则制造用于杀虫剂喷洒和作物监测的无人机（Shrivastava, 2020）。

10.2.5 区块链

区块链是参与方共享的交易和数字事件的分布式账本。其数据保存在计算机网络上，而不是物理分类账或单个数据库中（Patel et al, 2017）。交易通过参与方获得批准，并被加密。交易是在对等级别进行的，没有任何第三方控制。区块以加密的方式存储、交易，不能被篡改。区块链中的“链”是指将各个区块连接在一起，从而创建一个数据库，其中包含与交易的每个阶段相关的信息。一旦输入，任何参与方都不能编辑或删除它。2008年，中本聪使用区块链开发了虚拟货币比特币（Nakamoto, 2008）。区块链已经超越了虚拟货币的使用，扩展到了许多领域。IBM首席执行官吉尼·罗梅蒂（Ginni Rometty）表示：

任何我们可以设想为供应链的东西，区块链都可以极大地提高其效

率——无论是人员、数字、数据还是金钱。（Leiker, 2018）

印度国家转型研究所建议建立印度自己的区块链，名为“印度链”。Eka 软件与印度咖啡委员会合作建立了一个区块链平台，用于商品管理。泰米尔纳德邦、安得拉邦和喀拉拉邦的州政府正在开发虾和腰果的区块链平台。塔塔信托正在与海产品出口发展局合作，将印度渔业部门的区块链制度化（Mendonca, 2019）。

据估计，农业领域的区块链创新将以 47.8% 的复合年增长率从 2017 年的 4120 万美元增长到 2023 年的 4.3 亿美元（Startup Insight, 2020）。区块链可以在农作物保险、供应链优化、可追溯性和交易方面使农业部门受益（Startup Insight, 2020）。

10.2.6 滴灌

滴灌的使用将减少用水量并提高生产力。由于采用传统的引洪灌溉法，印度的灌溉系统消耗了印度 80% 的水。印度的用水量是中国和巴西的 2 到 3 倍。滴灌可减少 30% 至 70% 的用水量，并将作物生产力提高 30% 至 90%。滴灌可减少 30% 的电力消耗和 28% 的化肥消耗。印度国家农业灌溉计划于 2015 年推出，旨在促进微灌面积增加。1985 年印度微灌面积为 1500 公顷，2017 年增加到 424 万公顷。印度有很大的滴灌潜力，根据 2016 年的数据，印度只有 4% 的耕地面积采用滴灌（Narayanamoorthy, 2019）。

10.3 利用数字基础设施

如表 10.1 所示，截至 2020 年，印度拥有世界上最大的生物识别系统，拥有 12 亿张数字身份证。印度的移动电话普及率为 90.52%。印度有 5.1456 亿农村无线电话用户（TRAI, 2020）。2006—2019 年，印度的互联网用户以 45.74% 的复合年增长率增长。互联网用户总数为 6.6531 亿（IBEF, 2019）。

表 10.1 印度的数据基础设施

数字身份证	12 亿生物特征记录
统一支付交互	13 亿笔交易（2019 年 12 月）
移动用户	11.7375 亿
城市移动用户	6.5918 亿
农村用户	5.1456 亿
城市电信密度	156.18
农村电话密度	57.28
互联网用户	6.6531 亿
商品和服务税	超过 4 亿张回单，超过 8 亿张发票
国家健康计划	1.19 亿张电子贺卡，800 万个医院床位，覆盖 5 亿人

数据来源：印度国家转型研究所 2020，印度品牌资产基金会 2019。

现有的数字基础设施将为印度农民提供支持区块链的服务。由总理纳伦德拉·莫迪先生领导的政府将通过制定监管框架进一步推动科技初创企业的发展。莫迪在 G20 数字经济和人工智能峰会上提出了 5-I 模型，侧重于创新、包容性、本土化、基础设施投资和国际合作（Chaudhury, 2019）。

莫迪政府的愿景是利用技术造福社会，使 1.2 亿人直接受益（Chaudhury, 2019）。

印度拥有大量数字化人才。在一项比较印度、尼日利亚、墨西哥、波兰和菲律宾的五个新兴市场研究中发现，在人才方面表现最好的是印度。印度在吸引企业家和投资者方面也是五个国家中最好的，并且最擅长创新。相反，印度的弱点在于公共卫生、环境和包容性（Chakravorti & Chaturedi, 2019）。去货币化是促进数字支付的大胆举措。莫迪已成为印度著名的数字影响者。

10.4 金融科技

在印度金融科技领域，大玩家的进入加剧了竞争。2019 年 4 月，谷歌钱包已成为最大的统一支付接口，交易额达到 4070 亿印度卢比（Kapoor & Usmani, 2019）。大玩家不仅会为新玩家制造进入壁垒，还会威胁到小玩家的存在。 现有参与者可以进行多元化探索，开发其他金融产品以维持其运营。银行和金融科技之间的合作将使这两个实体受益。随着初创企业的数量从 2010 年的 1800 家增加到 2019 年的 40000 家，初创企业文化越来越受欢迎（Kapoor & Usmani, 2019）。截至 2019 年，印度初创生态系统已成功培育出 25 家独角兽公司。

10.5 优步化

由于小农缺乏资金，印度的技术采用面临问题。基于技术支持的优步化（Uberisation）将降低每位用户的成本，并为处于金字塔底部的农民提供最新技术的好处。Trringo 拖拉机租赁应用程序是小农在不拥有拖拉机的情况下租用拖拉机供农场使用的一项举措（Trringo, 2020）。但资源利用不当会威胁财务可行性（Anjum & Tiwari, 2012b）。在政府、银行、金融公司或开发银行等机构的支持下，优步化可以弥合富农和穷农之间的数字鸿沟。优步化可以使机器人和人工智能产品对小农可行。

10.6 区块链技术带来的机遇

10.6.1 土地记录

缺乏土地记录会影响小农和佃农，因为他们无法获得信贷。尽管印度几个邦政府已经启动了计算机化，但直到 2017 年，只有 39% 的村庄对空间数据进行了验证（Padmanabhan, 2018）。使用区块链提供数字身份将解决这些农民面临的这一基本问题。租户农民占所有农民自杀事件的 80%（Raju, 2019）。由于缺乏土地记录，租户农民没有资格参加政府赞助的农作物保险计划。根据印度国家抽样调查办公室第 70 次报告，2003—2013 年，土地租赁增加了 10.4%。其中，安得拉邦 35.7%、比哈尔邦 22.7%、哈里亚纳邦 14.8%、奥里萨邦 16.9%、泰米尔纳德邦 13.5% 和西孟加拉邦 14.7%，均高于 10.4% 的全国平均增长率（Raju, 2019）。

印度当局没有定期完成土地记录。土地纠纷占印度法院所有未决案件的 2/3（World Bank, 2007），涉及土地纠纷的诉讼需要大约 20 年才能解决（Debroy & Jain, 2017）。印度国家转型研究所基于在昌迪加尔联合领地所做的研究开发了一个原型。

土地改革活动较多的州在收入增长、资产和教育成就方面有更好的结果（World Bank, 2007）。拉居建议设立租户农民发展基金，用于再融资、农作物保险、救灾和技能发展（Raju, 2019）。

10.6.2　农作物保险

农作物贷款是强制性的，以获得农作物保险。由于缺乏档案记录，大多数农民无法获得农作物保险。 区块链将为土地提供数字身份，使农民能够获得农作物保险。 作物的评估是通过作物切割实验来完成的。这很容易出现人为错误和操纵。州政府通过作物切割实验评估作物产量和损失的时间因素是延迟向农民支付保险索赔的主要原因。区块链的使用将提供有关天气状况的实时数据，并将简化评估过程，为农作物保险的及时理赔提供快速报告。Gramcover 专注于为中低收入农民提供数字保险（Kapoor & Usmani, 2019）。

Worldcover 为非洲的小农提供农作物保险。它使用卫星评估降雨量并根据科学评估自动付款（Worldcover, 2020）。 Worldcover 已筹集了 600 万美元的 A 轮融资，用于在包括印度在内的新兴市场扩张。Worldcover 已为非洲 30000 多名农民提供服务。农民使用移动应用程序连接，用手机付款和提交索赔申请。该公司使用科学评估，并在获得认证后，通过手机向农民支付保险金（Bright, 2019）。

Etherisc 为使用区块链的保险提供免费的开源、开放访问平台。 农民可以根据自己的风险评估和要求创建定制的保险产品。Ethreisc 专注于分散保险产品。 它使用双重方法。首先，它是一个非营利性实体，即去中心化保险基金会，其次，它由多个商业实体组成。2019 年 7 月，Etherisc 与 Aon、Oxfam 合作在斯里兰卡推出了农作物保险（Etherisc, 2020）。区块链技术的采用有可能提高印度农作物保险的收益（Tiwari et al, 2020）。

10.6.3 小型农场

根据 2018 年发布的农业普查，拥有不到 2 公顷土地的小微农户占印度所有农民的 86.2%，但他们仅拥有 47.3% 的作物面积。 表 10.2 显示了农民的分类。

表 10.2 根据农场规模划分的印度农场类别

类型	规模（公顷）
微型农户	低于 1.00
小型农户	1.00 ～ 2.00
中小型农户	2.00 ～ 4.00
中型农户	4.00 ～ 10.00
大型农户	超过 10.00

数据来源：印度农业和农民福利部，2019。

如图 10.1 所示，比哈尔邦是一个人口最多的邦，但平均农场规模最小。印度全国人均耕地面积为 1.08 公顷。北方邦（0.73 公顷）、西孟加拉邦（0.76 公顷）和安得拉邦（0.94 公顷）的人均耕地持有量低于全国平均水平。那加兰邦的人均耕地拥有量最大，为 5 公顷，其次是旁遮普邦，为 3.63 公顷。在 12 个州，人均耕地面积不到 1 公顷（Ministry of Agriculture & Farmers Welfare, 2019）。

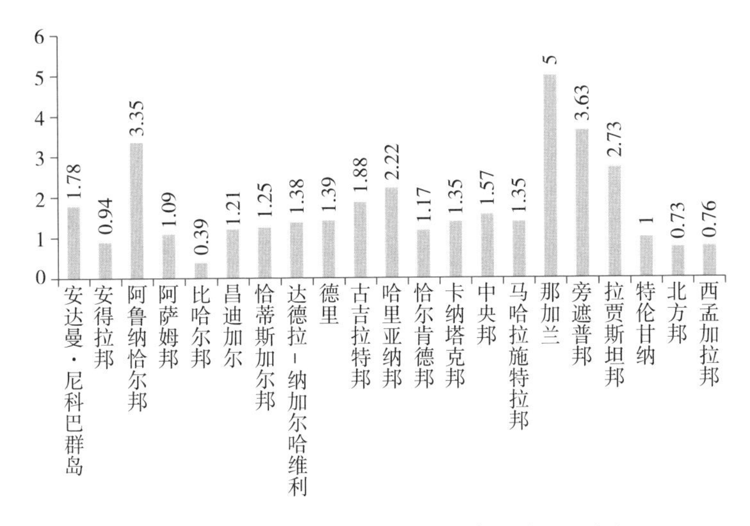

图 10.1　印度各邦的人均耕地拥有量（2015 年）

1.26 亿小农和微农拥有土地 7440 万公顷，平均每人 0.6 公顷。如此小的耕地面积不足以维持农民家庭的经济（Bera, 2018）。2013 年，微型农户每月从农业和非农业活动中赚取的收入不到 5500 印度卢比（Chakravorty, Chandrasekhar & Naraparaju, 2016）。根据 2015 年的数据，此类农民的数量为 1 亿（Padmanabhan, 2018）。

使用区块链提供数字身份可用于土地归集，便于发展土地租赁市场。Demeter 是一个基于区块链的平台，可以在世界任何地方租用微型农场，无须任何中间商。用户和农民直接进行交易。农民可以获得更好的回报，用户可以选择微型农场及其实践和生产方式。Demeter 将该方法称为农业 4.0 或众筹农业（Demeter, 2020）。它将有助于有机农业的发展。

10.6.4　有机农业认证

印度的有机食品出口额从 2016 年的 3.7 亿美元增长到 2017 年的 5.15

亿美元，增长了39%（Sally, 2018）。很少有邦将有机农业作为重中之重。中央邦拥有最大的有机农业种植面积。拉贾斯坦邦、马哈拉施特拉邦和北方邦是其他主要从事有机农业的邦。锡金已将所有可耕地转化为有机农业耕地（Sally, 2018）。有机农业具有巨大的潜力，因为它仅占农业出口的3%（Mukherjee, 2018）。

有机出口面临来自多个机构的认证挑战。参与式担保系统和第三方机构可以提供认证。主要出口市场不接受参与式担保系统认证，而第三方证书的成本很高。使用区块链更新作物生命周期信息将增强可追溯性，实现点对点认证，将第三方认证机构整合到参与式担保系统机制中将提高全球对有机农产品的接受度（NITI Aayog, 2020）。

10.6.5 信用

没有土地记录，政府不会提供农作物贷款。佃农依赖放债人，州政府的农业金融系统并未考虑这些放债人（Raju, 2019）。WhatsApp使用户能够使用比特币和莱特币进行交易（Ganguly 2019）。根据普华永道的数据，77%的金融科技公司将在其运营中采用区块链（PWC，2020）。技术通过私营部门的参与增强了金融包容性（Anjum & Tiwari, 2012c）。

10.6.6 供应链

农业供应链由中间商主导。中介会剥削农民。艾普特和佩特罗夫斯基（2016）认为区块链可以消除供应链中的扭曲。由于区块链是点对点机制，农民可以直接与客户进行交易并消除所有中间商。据市场研究公司Report Linker称，食品和农业供应链中的区块链业务的产值将从2018年的6080万美元增加到2023年的4.297亿美元（Hertz，2019）。

Agrichain是一家基于区块链平台的农业供应链公司。它被澳大利亚和亚洲的农民和行业参与者使用。Agrichain以安全、透明的方式连接各个利益相关者，降低成本并提高效率。它对农民免费，其基于移动应用程序的服务提供了一种简单的方式来管理库存和物流。

Ripe是一个基于区块链的食品供应链。Ripe提供了一个以可靠和透明的方式访问产品来源、产品旅程和质量的平台。合作伙伴可以访问移动应用程序上的实时数据。一切都上传到区块链上，以确保随时可访问。其合作伙伴包括生产商、分销商、食品零售商和餐馆（Ripe, 2020）。

区块链还将检查食物的浪费情况。每年全球1/3的粮食（约13亿吨，价值9400亿美元）被浪费或丢失（Welvaert, 2020）。印度每年会损失6700万吨、价值9200亿印度卢比的粮食。区块链将种植者与用户联系起来，可以最大限度地减少浪费。

10.7　面临的挑战

在一个发展中、多元化和民主的国家采用技术不能作为一个简单的挑战来研究。采用技术并付费的意愿取决于行为、社会人口、技术、制度和生物物理因素（Solomon et al, 2019）。约伯拉乌等人发现农民对技术的采用受性别、种植经验、生产技术培训、农业推广、与项目有关的问题和家庭收入的影响（Joblaew et al, 2020）。许多不采用新技术的农户缺乏技能和财务资源（Christensen & Raynor, 2003）。行业间合作增加了个体技能发展的机会（Tiwari & Anjum, 2014）。

印度尚未制定监管框架来合法化和监管基于区块链的货币和其他服务。区块链在印度仍处于起步阶段。缺乏有利的政策框架阻碍了基于区块链的初创企业的发展。团队中的财务纪律和奉献精神有助于管理具有挑战性的运营环境（Choudhuri et al, 2015）。技术、自主权和更好的治理可增强成果（Sharma et al, 2016; Khan et al, 2020）。

农民需要熟练地保护自己免受技术的滥用。劳动力市场改革和社会保障框架的改善对包容性增长产生积极影响（Anjum & Tiwari, 2012d）。日益增长的网络犯罪令人担忧。邦政府与中央政府在各种问题上存在分歧。在数字计划政策方面缺乏协同和协调可能会阻碍区块链初创企业在印度的发展。政客们让农民保持贫困的短视愿景，便于他们能够继续承诺农业贷款减免，以及在每次选举中获得选票，这可能会限制印度区块链初创企业的发展。合同的神圣性、严格的劳动法、复杂的土地记录管理以及缺乏政治意愿是印度采用区块链的挑战（Mulraj, 2019）。区块链专家的短缺可能会限制印度区块链的发展。区块链专家的人工成本高于数据科学家和软件开发人员。由于印度不同邦对区块链的观点和政治意愿存在冲突，因此很难建立对区块链技术的信任。

退出机制一直是印度初创生态系统的痛点。来自硅谷的风险投资家朗加斯瓦米（Rangaswami）评论说，印度初创生态系统的流动性和退出机制并不符合预期（Kapoor & Usmani, 2019）。

10.7.1 与农民的交流

沟通问题是印度采用技术的一个重大问题。政策制定者和管理者无法与农民建立有效的联系。

10.7.2 补贴模式

补贴模式会对创新产生负面影响，并使市场向获得补贴而非提高效率的方向扭曲。通过安抚农民来获得选票的政治手段导致补贴政策的延续，但它没有为小农带来任何重大的可持续成果。许多公司的重点更多地放在获得补贴份额而不是农民福利上。

10.7.3 碎片化的农场所有权

农场规模小增加了交易成本，公司倾向于避开小农户。小农户没有任何集体组织或协会来帮助他们在共享的基础上采用技术，因为他们是如此分散。

10.7.4 增值差

对农民的优惠政策只侧重于补贴和限价采购。由于中间商，采购价仍然很不理想，这限制了农民的财务能力。没有任何机构做出努力来帮助农民开发增值产品以提高盈利能力。

10.8 印度农业 5.0 的关怀模式

农业 5.0 需要彻底印度政府改变对待农民的方式。与其将他们仅仅视为一个投票银行，不如将他们视为一个潜在的价值创造来源，以实现充满活力和可持续的经济增长。价值创造的方式开始颠覆，以技术驱动的科学方法开始重新定义传统方法。

一个季度或一年的免费演示和使用权不仅可以增强农民的信心，也可以让他们更接近技术。至少在使用新技术的初始阶段，示范试验和免费获得技术对小农的技术采用产生了积极影响（Yigezu et al, 2018; Xiang et al, 2021）。新技术应与当地需求相适应并提供具有竞争力的价格。政府和相关机构应向农民提供推广服务（Sirisunyaluck, Singsin & Kanjina, 2020）。

为加强印度农业技术普及而提出的关怀（CARE）模式关注以下方面，以提升农民福祉。

● 沟通：简化与农民的沟通，使他们能够理解和使用技术。交流应使用当地语言，并应使用（易于使用的）移动应用程序。

● 说服力：在农场上展示应用技术来说明采用技术的好处。

● 首次使用优惠：新技术和服务应免费提供给农民，为期一个季度或一年，让农民见到实惠。

● 重视信贷：信贷机构应针对该地区的独特需求，量身定制信贷产品，以激励农民采用最有利于其所在地区的技术。

● 咨询和培训：农业咨询和培训应通过合作框架制度化。

● 集群：应确定具有独特需求和机会的集群。这些策略应该量身定制以适应集群。应该使用经济特区模式来集中关注特定集群内的农民。应加强此类集群的出口潜力和食品加工能力。

- 合作农业：农场规模小是采用技术的制约因素。应通过合并小农场组成合作社，使农民保留所有权，并将技术和服务用于合作农业，以降低收购和运营成本。Amul是一个奶业联盟，它改变了数百万从事牛奶生产活动的印度农民的生活。

- 推广服务：新技术在操作和维护方面存在许多障碍。为了使其可行并在农民中普及，必须加强推广服务以提供必要的关怀。

- 合同农业：大中型农场主应探索合同农业，以利用技术优势。这些农场主可以通过指导帮助向小农传播技术。

- 有机农业：有机农业可以令农产品增值。与传统产品相比，有机产品可以为农民提供更多收入。

- 关注市场与农户的关系：中间商获取了农产品大部分利润，农民仍然贫穷。为了更好地保障农户利益，创造一个直接与最终农户打交道的市场至关重要。应成立合作社，合作社应直接与最终农户打交道。与在线门户网站的合作可以提供与最终农户打交道的机会。

- 金融产品的整合：农业金融产品应该合并在一起，提供一个涵盖所有需求的保护伞，从种子、肥料、灌溉、技术产品到保险、物流和相关活动。

- 水资源：印度拥有世界4%的水资源和16%的人口。大多数农民依靠雨水灌溉。雨水收集和滴灌的使用应制度化，以节约水资源。

- 创建土地基金和租赁市场：小农户应整合其土地并以互惠的形式创建土地基金，让小农受益于专业化的管理和技术驱动的产品。

- 一切为产品服务：为小农合作社建立食品加工单位，将其原始产品转化为成品加工食品，并提供制度支持。农场出品的农产品应该是品牌的成品加工产品，而不是原始产品。应探索线上市场和线下市场，营销应服务于产品。

- 土地记录数字化：提高运营效率和采用技术的最大挑战之一是由于土地记录的维护方式过时而缺乏土地的可交易性和可追溯性。应加强生物特征识别工具的使用，所有土地记录都应数字化。

10.9 结论

本文有助于确定印度现有技术基础设施的潜力，以及将其组合起来以解决农业部门问题的方式。本文提供了关怀模式，用于整合技术、运营和金融系统的各个要素，以更有效和高效的方式与农民联系。共享土地和技术资源的运营模式将提高小微农户获得技术的机会。技术改变了我们生活、娱乐、通勤、沟通和开展业务的方式。农业部门尚未充分获得技术的红利。区块链有可能改变农民的生活。区块链可以通过开发土地租赁市场、农作物保险以及在区块链支持下改进的供应链实现更好的回收价格，从而带来高效的信贷交付、土地记录维护，以释放小农场的价值。区块链消除了中间人的角色并实现了点对点交易。现有的数字基础设施为区块链领域的初创企业提供了利用现有数字基础提供服务的机会。印度的农业人口规模为向大量人口提供基于区块链的服务并为在运营、营销和融资方面实现规模经济提供了空间。政府应指导小农户多样化经营高价值作物和有机农业。农业 5.0 形式的农业技术革命是当前提高农民收入和释放印度农业价值的需要。区块链有可能让印度农民摆脱贫困，并有助于印度通过农业 5.0 实现 5 万亿美元经济体的目标。政策制定者不应采用补贴模式，而应通过采用关怀模式来鼓励创造力和效率，以加强印度农业对技术的采用，并使农民成为一个欣欣向荣的群体。

参考文献

Anjum B, Tiwari R, 2012a. Role of information technology in women empowerment [J]. Excel International Journal of Multidisciplinary Management Studies, 2, 1: 226–233.

Anjum B, Tiwari R, 2012b. An exploratory study of supply side issues in Indian higher education [J]. Asia Pacific Journal of Marketing and Management Review, 1, 1: 14–24.

Anjum B, Tiwari R, 2012c. Role of private sector banks for financial inclusion [J]. Zenith International Journal of Multidisciplinary Research, 2, 1: 270–280. Anjum, B. and Tiwari, R. 2012d. "Role of manufacturing industries in India for inclusive growth," ZENITH International Journal of Business Economics & Management Research, 2, 1: 97–104.

Apte S, Petrovsky N, 2016. Will blockchain technology revolutionize excipient supply chain management? [J]. Journal of Excipients and Food Chemical, 3, 7: 76–78.

Bera S, 2018. Small and marginal farmers own just 47.3% of crop area, shows farm census [J]. Live Mint, October 1, 2018.www. livemint.com/Politics/k90ox8 AsPMdyPDuykv1eWL/ Small-and-marginal-farmers-own-just-473-of-crop-area-show.html.

Bright J, 2019. WorldCover raises $6M round for emerging markets climate insurance [J]. Accessed October 14, 2020. techcrunch.com/2019/05/03/worldcover-raises-6m-roundfor-emerging-markets-climate-insurance/.

CEMA. 2018. "Priorities." Accessed October 12, 2020. www.cema-agri.org/index.php? option=com_content&view=category&id=10&Itemid=102.

Chakravorti B, Chaturvedi R S, 2019. How effective is India’ s government, compared with those in other emerging markets? [J] . Harvard Business Review, (2019) , accessed August 3, 2020. hbr.org/2019/05/how-effective-is-indias-government-compared-with-those-in-other-emerging-markets.

Chakravarty S, 2018. Reimagining Indian agriculture: How technology can change the game for Indian farmers? [J] . Business Word, August 25, 2018, www.businessworld.in/article/Reimagining-Indian-Agriculture-How-technology-can-change-the-game-for-Indianfarmers-/24-11-2018-164502/.

Chakravorty S, Chandrasekhar S, Naraparaju K, 2016. Income generation and inequality in India’ s agricultural sector: The consequences of land fragmentation [J] . Indira Gandhi Institute of Development Research, accessed September 9, 2020. www.igidr.ac.in/pdf/ publication/WP-2016-028.pdf.

Chaudhury D R, 2019. PM Modi presents ‘5- I’ vision to maximise tech for social benefits at G20 [J] . The Economic Times, June 29, 2019.economictimes.indiatimes.com/news/ politics-and-nation/pm-modi-presents-5-i-vision-to-maximise-tech-for-socialbenefits-at-g20/articleshow/69997726.cms?utm_source =contentofinterest&utm_medium=text&utm_ campaign=cppst.

Choudhuri S, Dixit R, Tiwari R, 2015. Issues and challenges of Indian aviation industry: A case study [J] . International Journal of Logistics & Supply Chain Management Perspectives, 4, 1: 1557–1562.

Christensen C M, Raynor M E, 2003. The innovator’ s solution: Creating and sustaining successful growth. Harvard Business Press: USA, 2003.

DCunha S D, 2018. For India’ s farmers it’ s Agtech Startups, not government, that is key [EB/OL] . Forbes. www.forbes.com/sites/suparnadutt/2018/01/08/for-indias-farmers-its-agtech-startupsnot-government-that-is-key/#5da8fbe11c6e.

Debroy B, Jain S, 2017. Strengthening arbitration and its enforcement in

India resolve in India［J］. Working Papers id:11752.eSocialSciences.

Demeter. 2020. "Reinventing agriculture through blockchain," accessed October 21, 2020. demeter.life/.

Etherisc. 2020. "Etherisc," accessed October 19, 2020. etherisc.com/.

Feder G, Just R, Zilberman D, 1985. "Adoption of agricultural innovations in developing countries: A survey," Economic Development and Cultural Change, 33, 2 : 255–298.

Etherisc 2020. "Make Insurance Fair and Accessible," accessed October 10, 2020. etherisc. com/.

FAO 2020. "Resilience, Food and Agricultural Organization," United Nations, accessed October 8, 2020. www.fao.org/resilience/news-events/detail/en/c/395608/.

Hertz L, 2019. "How will blockchain agriculture revolutionize the food supply from farm to plate?" accessed July 13, 2020. hackernoon.com/how-will-blockchain-agriculture-revolutionize-the-food-supply-from-farm-to-plate-f8fe488d9bae.

Huang J, Wang X, Qiu H, 2012. "Small-scale farmers in China in the face of modernisation and globalisation, knowledge programme small producer agency in the globalised market," accessed May 2, 2020. pubs.iied.org/pdfs/16515IIED.pdf.

HuffPost 2017. "80% of India' s poor mainly depend on farming, how can they be taxed, asks NITI Ayog chairman," accessed September, 12 2020.www. huffingtonpost. in/2017/04/29/80-of-indias-poor-mainly-depend-on-farming-how-can-they-be-ta_a_22061287/.

India Brand Equity Foundation（IBEF）2020. "Agriculture in India: Information about Indian agriculture & its importance," accessed June 17,

2020. www.ibef.org/archives/detail/ b3ZlcnZpZXcmMzcwOTUmODY=.

ITCPortal 2020. “E-Choupal.” Accessed October 19, 2020.www. itcportal.com /businesses/ agri-business/e-choupal.aspx.

Kapoor M, Usmani A, 2019. “Startup street: Five Indian startups most likely to turn unicorns in 2019,” accessed September 11, 2020.www. bloom bergquint.com/ technology/startup-street-five-indian-startups-most-likely-to-turn-unicorns-in-2019.

Khan S, Kannapiran T, 2019. Indexing issues in spatial big data management ［C］. In International Conference on Advances in Engineering Science Management & Technology（ICAESMT）, 2019, Uttaranchal University, Dehradun, India.

Khan S, Redha Qader M, Thirunavukkarasu K, Abimannan S, 2020. Analysis of business intelligence impact on organizational performance ［C］. In 2020 International Conference on Data Analytics for Business and Industry: Way Towards a Sustainable Economy（ICDABI）, pp. 1–4. IEEE, Sakheer, Bahrain.

Khan S, Al-Dmour A, Bali V, Rabbani M R, Thirunavukkarasu K, 2021. Cloud computing based futuristic educational model for virtual learning ［J］. Journal of Statistics and Management Systems, 24, 2: 357–385.

Khem C, Tiwari R, Phuyal M, 2017. Economic growth and unemployment rate: An empirical study of Indian economy ［J］. Pragati: Journal of Indian Economy, 4, 2: 130– 137, DOI: 10.17492/pragati.v4i02.11468.

Joblaew P, Sirisunyaluck R, Kanjina S, Chalermphol J, Prom C, 2020. Factors affecting farmers’ adoption of rice production technology from the collaborative farming project in Phrae province, Thailand ［J］. International Journal of Agricultural Technology. 15, 6: 901–912.

Kondoker A M, 2018. Perception and adoption of a new agricultural technology: Evidence from a developing country［J］. Technology in Society, 55: 126–135.

Leiker, A. 2018. “Make way for blockchain,” Tromoxie.com. Accessed September 18, 2020. trimoxie.com/make-way-blockchain/.

Maiervidorno. 2020. “Agriculture in India: The need for new technologies.” Accessed October16,2020.www.maiervidorno.com/agriculture-india-need-new-technologi-s/.

Mendonca, J. 2019. “India’ s agricultural farms get a technology lift,” The Economic Times, July 26, 2019. tech.economictimes.indiatimes.com/news/internet/indias-agriculturalfarms-get-a-technology-lift/70388635.

Mohapatra, T. 2016. “From the DG’ s Desk,” ICAR Reporter, April-June 2016. www.icar.org. in/files/IR-April-June-2016.pdf.

Mulraj, J. 2019. “Blockchain, not blockheads, can provide solutions to India’ s problems,” The Hindu Business Line. December 6, 2019. www.thehindubusinessline.com/markets/ blockchain-not-blockheads-can-provide-solutions-to-indias-problems/article30213014. ece#.

Mukherjee, S. 2018. “Organic food exports surge but certification remains a major issue,” Business Standard, March 28, 2018. www.business-standard.com/article/economypolicy/organic-food-exports-surge-certification-remains-a-major-issue-118032800261_ 1.html.

Nakamoto, S. 2008. “Bitcoin: A peer-to-peer electronic cash system,” accessed September 23 bitcoin.org/bitcoin.pdf.

Narayanamoorthy, A. 2019. “Tap drip irrigation to save water,” The Hindu Business Line. June 7, 2019. www.thehindubusinessline.com/opinion/tap-drip-irrigation-to-save-water/article27688289.ece.

NITI Aayog. 2020. "BlockChain: The India strategy: Towards enabling ease of business, ease of living, and ease of commerce," Accessed October 20, 2020. //niti.gov.in/sites/default/files/202001/Blockchain_The_India_Strategy_Part_I.p-df.

Padmanabhan, V. 2018 "The land challenge underlying India' s farm crisis," Live Mint, October 15, 2018. www.livemint.com/Politics/SOG43o5ypqO13j0QflaawM/The-landchallenge-underlying-Indias-farm-crisis.html.

Patel D, Bothra J, Patel V, 2017. Blockchain exhumed ［J］. ISEA Asia Security and Privacy（ISEASP）, 1–12. doi: 10.1109/ISEASP.2017.7976993.

Prakash, A. and Parija, P. 2019. "Here' s why farmers matter so much to India' s Modi," Bloomberg. Accessed July 8, 2020. www.bloomberg.com/news/articles/2019-01-31/ why-election-goodies-await-india-s-struggling-farmers-quicktake.

Press Information Bureau（pib）. 2020. "Key highlights of economic survey 2019-20," Ministry of finance. Accessed October 23, 2020. pib.gov.in/newsite/PrintRelease. aspx?relid=197771.

PWC. 2020. "Global FinTech Report 2017, redrawing the lines: FinTech' s growing influence on financial services," accessed May 13, 2020.www.pwc.com/gx/ en/industries/ financial-services/assets/pwc-global-fintech-report-2017.pdf.

Raju, B. Y. 2019. "Tenant farmers being left high and dry," The Hindu Business Line. January 24, 2019. www.thehindubusinessline.com/opinion/tenant-farmers-being-left-high-anddry/article26081913.ece#.

Rana A, Tiwari R, 2014. MSME sector: Challenges and potential growth strategies ［J］. International Journal of Entrepreneurship & Business Environment Perspectives. 3, 4: 1428–1432.

Rani A, Chaudhary A, Sinha N, Mohanty M, Chaudhary R, 2019. DRONE: The green technology for future agriculture［J］. Harit Dhara, 2, 1: 3–6.

Rawat, A. 2020. “These 15 drone startups are flying high in India,” accessed July 14,2020.inc42.com/features/these-15-drone-startups-are-flying-high-in-indias-d-igital-sky/.

Reddy, J. 2020. “Latest agriculture technologies in India, impact, advantages,” accessed October 21, 2020. www.agrifarming.in/latest-agriculture-technologies-in-india-impactadvantages#:~:text=Importance%20of%20latest%20agricultural%20technologies,benefits%20of%20agricultural%20technology%20include%3B&text= Decreased%20use%20of%20water%20quantity,turn%20keeps%20food%20prices%20 down.

Reddy N, Reddy A, Kumar J, 2016. A critical review on agricultural robots［J］. International Journal of Mechanical Engineering Technology, 7, 4: 183–188.

Ripe. 2020. “About Us,” accessed October 21, 2020. www.ripe.io/about.

Rubio V, Mas F, 2020. From Smart Farming towards Agriculture 5.0: A Review on Crop Data Management［J］. Agronomy. 10, 2: 207–227.doi:10.3390/agr- onomy10020207.

Sally, M. 2018. “Global demand for Indian organic food products on constant increase,” The Economic Times, October 23, 2018.economictimes. indiatimes. com/industry /consproducts/food/global-demand-for-indian-organic-food-products-on-consta-nt-increase/articleshow/66330641.cms?utm_source= contentofinterest&utm_m- edium=text&utm_ campaign=cppst.

Sangal, P. P. 2018. “Farmers are poor due to low productivity of all major crops,” Financial Express. February 1, 2018. www.financialexpress.com/opinion/farmers-are-poor-due-to-low-productivity-of-all-major-crops/1038918/.

Seth, A. and Ganguly, K. 2020. “Digital technologies transforming Indian agriculture,” accessed April 18, 2020. www.wipo.int/edocs/pubdocs/en/wipo_pub_gii_2017-chapter5.pdf.

Sharma H, Tiwari R, Anjum B, 2016. Issues and challenges of affiliation system in Indian higher education [J]. EXCEL International Journal of Multidisciplinary Management Studies. 3, 12: 232–240.

Shrivastava, S. 2020. “Top 10 ingenious drone startups in India 2020” accessed October 19, 2020. www.analyticsinsight.net/top-10-ingenious-drone-startups-india-2020/.

Sirisunyaluck R, Singsin P, Kanjina S, 2020. Factors influencing the adoption of climate change adaptation samong rice growers in Doi Saket District, Chiang Mai Province, Thailand [J]. International Journal of Agricultural Technology, 16, 1: 129–142.

Solomon O, Xavier G, Joel J, Duncan O, Hans D, 2019. Farmers’ adoption of agricultural innovations: A systematic review on willingness to pay studies[J]. Outlook on Agriculture, 49, 3: 187–203, October 2019.

Startup Insight. 2020. “8 blockchain startups disrupting the agricultural industry,” accessed September 2, 2020. www.startus-insights.com/innovators-guide/8-blockchain-startups-disrupting-the-agricultural-industry/.

Telecom Regulatory Authority of India (TRAI) 2020. “Indian telecom services performance indicator report for the quarter ending July-September, 2019,” accessed October 5, 2020.main.trai.gov.in/sites/ default/files/ PR_No.04 of2020. pdf.

Tiwari R, Anjum B, 2014. Role of higher education institutions and industry academia collaboration for skill enhancement [J]. Journal of Business Management & Social Sciences Research. 3, 11: 27–34.

Tiwari R, Khem C, Anjum B, 2020. Crop insurance in India: A review of pradhan mantri fasal bima yojana（PMFBY）［J］. FIIB Business Review, 9, 4: 249–255, doi.org/ 10.1177/2319714520966084.

Tomu. 2020. “Blockchain for agriculture: How blockchain can revolutionize food supply from the farm to the plate,” accessed June 24, 2020. medium.com/ swlh/ blockchain-for-agriculture-5b0a0baa0aa3.

TataTrsuts. 2020. “mKrishi,” accessed July 9, 2020. www.tatatrusts.org/our-work/livelihood/ agriculture-practices/mkrishi.

Traxcn. 2020. “Top Agricultural Drones Startups,” accessed October 7, 2020. tracxn.com/d/ trending-themes/Startups-in-Agriculture-Drones.

Trringo 2020. “About Us,” accessed September 18, 2020. www.trringo. com/about-us.php.

Udas, R. 2020. “Indian Agriculture goes Hi-Tech with New Technologies like AI, ML and IoT,” accessed October 10, 2020. www.expresscomputer.in/ features/indian-agriculture-goeshi-tech-with-new-technologies-like-ai-ml-and-iot/45432/.

Welvaert, M. 2020. “Food waste: A global challenge, a local solution,” Committee of World Food Security. Accessed September 8, 2020.www.fao.org/ cfs//home//blog/ blog-articles/ article/en/c/449010/.

World Bank. 2007. India: Land Policies for Growth and Poverty Reduction, New Delhi, Oxford University Press.

WorldCover. 2020. “Crop Insurance that works,” accessed August 12, 2020. www.worldcover. com/.

Xiang X, Li Q, Khan S, Khalaf O I, 2021. Urban water resource management for sustainable environment planning using artificial intelligence techniques[J].

Environmental Impact Assessment Review 86: 106515.

Yigezu A, Amin M, Tamer E, Aden A, Atef H, Yaseen K, Stephen L, 2018. Enhancing adoption of agricultural technologies requiring high initial investment among smallholders [J]. Technological Forecasting and Social Change. 134: 199–206.